Brigitte Kleinod

Der
GARTENPLANER

Spielbereiche

▶ planen
▶ entwerfen
▶ kalkulieren

ULMER

SPIELEN IM EIGENEN GARTEN

GARTENPLANUNG LEICHT GEMACHT

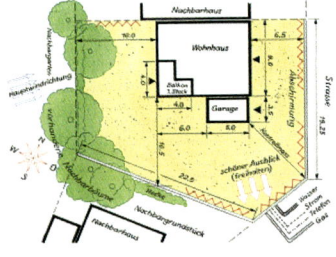

Kapitel 3

PLANUNGSBEISPIELE FÜR KINDGERECHTE GÄRTEN

Kapitel 4

DETAILPLANUNGEN VON SPIELBEREICHEN

Kapitel 5

PLANUNG DER ARBEITEN, KOSTEN UND PFLEGE

Die Deutsche Bibliothek – CIP-Einheitsaufnahme
Ein Titeldatensatz für diese Publikation ist bei der Deutschen Bibliothek
erhältlich.

Haftung:
Autor und Verlag haben sich um richtige und zuverlässige Angaben be-
müht. Fehler können jedoch nicht vollständig ausgeschlossen werden.
Eine Garantie für die Richtigkeit der Angaben kann daher nicht gegeben
werden. Haftung für Schäden und Unfälle wird aus keinem Rechtsgrund
übernommen.

Bildnachweis:
Fotos: Brigitte Kleinod, S.31 Giftpflanzen: Rasbach, Reinhard, Briemle,
Ruckszio.
Umschlagsfoto: BilderBox

© 2001 Verlag Eugen Ulmer GmbH & Co.
Wollgrasweg 41,
70599 Stuttgart
E-Mail: info@ulmer.de
Internet: www.ulmer.de
Printed in Germany

Lektorat:
Verlagsbüro Kopal, Chr. Weidenweber
Layout:
CYCLUS Visuelle Kommunikation
Herstellung und DTP:
CYCLUS Media Produktion
Druck und Bindung: Offizin Andersen Nexö, Zwenckau

ISBN: 3-8001-3590-6

▶ *Vorwort*

D ie Bedürfnisse von Erwachsenen und Kindern im Garten entsprechen sich nicht immer und sind häufig schwierig zu vereinbaren. Kinder wollen sich austoben, Löcher graben, auf Bäume klettern, im Matsch waten und sich verstecken. Erwachsene suchen Erholung, Beschaulichkeit, Ruhe, Entspannung und eine Kulisse.

Nicht jeder Garten ist groß genug, um alle Bedürfnisse gleichzeitig zu erfüllen, aber mit Fantasie und unkonventionellen Lösungen geht oft viel. Warum nicht mal den Vorgarten zum Kinderspielplatz umfunktionieren, den geplanten Teich zurückstellen und eine Sandgrube ausheben, das Baumhaus mangels großer Bäume auf die Garage oder Gartenhütte bauen, die Schaukel unter den Balkon oder an einen Verbindungsbalken zwischen Haus und Garage hängen?

Kinder sind meist gar nicht so anspruchsvoll, wie wir denken und begnügen sich oft mit wenigen Gartenecken. Und Kinder werden schneller groß, als wir denken, so dass eine sinnvolle Gartenplanung immer auch die zukünftigen Bedürfnisse mit bedenkt. Man kann aber auch einen Teil des Gartens ungeplant den Kindern überlassen, ihnen Erdhaufen, Steine, Holz und anderes Material zur Verfügung stellen und beobachten, mit wie viel Energie, Fantasie und Kreativität sie sich ihren eigenen Spielplatz schaffen.

Ein kindgerechter Garten berücksichtigt die Bedürfnisse der Kinder, ohne sie zu gefährden. Oft werden die Gefahren, beispielsweise durch giftige Pflanzen, maßlos übertrieben, denn die wirklichen Gefahren für Kinder lauern auf der Straße – ein Grund mehr, den Garten für sie so attraktiv wie möglich zu gestalten.

Dieser Gartenplaner zeigt Ihnen, wie man Schritt für Schritt einen kindgerechten Garten mit Spielecken plant, wie Sie die Bedürfnisse aller Familienmitglieder berücksichtigen, alle Arbeitsschritte in die richtige Reihenfolge bringen, Kosten kalkulieren und einen eigenen Gartenplan entwerfen können. Viele Bilder und Pläne geben Anregungen, wie Spielbereiche für Kinder aussehen können und für alle Vorschläge gibt es Ideen, wie man sie mit wenig Aufwand abwandeln kann, wenn die Kinder groß geworden sind.

Für Sonja und Silvia

Kapitel 1

Spielen im eigenen Garten

▶ Kleine Kinder – große Kinder

▶ Spielarten und Platzbedarf

▶ Möglichkeiten der Mehrfachnutzung

▶ *Kleine Kinder – große Kinder*

Einen Garten für alle Familienmitglieder zu gestalten, alle Bedürfnisse zu erfüllen und auch bei geringem Platzangebot Ruhe- und Spielzonen zu schaffen, ist nicht leicht. Für Kinder ist ein Garten zum Spielen, Toben, Klettern und Verstecken von unschätzbarem Wert – wie auch zufriedene Kinder für ihre Eltern.

▲▼ Das natürliche Spiel der Kinder von heute hat immer noch Ähnlichkeit mit unserem in früheren Zeiten.

Kindgerechte Gärten sind Orte, an denen sich Kinder geborgen fühlen. Sie bieten Schlupfwinkel zum Verstecken, regen die Sinne an, fördern die Kreativität und laden zu unterschiedlichen Bewegungen ein. Ungenutzte Flächen, die von Kindern erobert werden können, werden in der Nähe von Wohngebieten immer seltener. Das Spiel auf der Straße ist zu gefährlich und Kinder leiden daher zunehmend an Bewegungsmangel und Haltungsschäden. So wird es immer wichtiger, ihnen ein kleines Stückchen Erde zur Verfügung zu stellen, auf dem sie ihrem natürlichen Bewegungsdrang nachgehen können. Anreiz dafür bietet eine natürliche Umgebung mit Möglichkeiten zum Klettern, Schaukeln, Rutschen, Laufen und Springen.

Je nach Alter haben Kinder zudem unterschiedliche Bedürf-

nisse, denen wir gerecht werden müssen. Sind für kleine Kinder Sandkasten, Bewegungsmöglichkeiten und Verstecke in der Nähe der Eltern am wichtigsten, freuen sich größere über abgelegene Gartenecken, in denen sie nach eigenen Vorstellungen kreativ sein können, ohne von den Eltern ständig beobachtet zu werden.

Dass Kinder schnell wachsen, wissen alle Eltern, und mit jedem Entwicklungsschritt geht eine Änderung ihrer Bedürfnisse einher. Womit im letzten Sommer noch intensiv gespielt wurde, kann im nächsten Jahr schon langweilig sein, so dass man sich alle aufwändigen Anschaffungen genau überlegen sollte. Andererseits sollte man aber auch nicht mit der Bereitstellung eines attraktiven Spielplatzes zu lange warten, da bestimmte Erfahrungen im passenden Alter gemacht werden müssen.

Am vorteilhaftesten sind daher Spielecken beziehungsweise Spielgeräte, die ohne großen Aufwand verwandelt werden können. Die Anschaffung von Geräten wie Rutschen, die auf eine bestimmte Altersgrup-

▲ Auch Erwachsene brauchen ab und zu Platz für Bewegungsspiele.

pe zugeschnitten sind und deren Nutzung sich nicht ändern lässt, lohnt sich nur, wenn man mehrere Kinder hat oder die Geräte anschließend weiter verkauft oder verschenkt. Planen Sie also immer langfristig, damit Sie Ihren Garten nicht alle paar Jahre komplett umgestalten müssen.

Bei Jungendlichen und Erwachsenen stehen Ruhe und Erholung im Vordergrund der Bedürfnisse, aber auch Geselligkeit und Feiern sind wichtig. Interessenskonflikte können durch eine geschickte räumliche und zeitliche Planung vermieden werden.

Darüber hinaus ist es wichtig, dass alle Familienmitglieder gemeinsam spielen können. Hierzu zählen vor allem Ball- aber auch Murmel- und Hüpfspiele. Größere Flächen sind für diese Spielarten Voraussetzung, das heißt der Vorplatz, die Garagenzufahrt und die Rasenfläche sollten Spiele zulassen. Sie müssen bei der Planung also Vieles bedenken. Neben den geeigneten Pflastersteinen, in die eventuell auch ein Schachbrettmuster gelegt werden kann, müssen der Unterbau bedacht werden, Farbe und Material zum Stil des Gartens passen und alles ist auch eine Kostenfrage. Ähnliche Gedanken sollten Sie sich bei

der Nutzung der Rasenfläche als Spielplatz machen. Wird die Grasnarbe zu sehr beansprucht, wird der Rasen schnell unansehnlich. Eine Alternative ist der belastbare Schotterrasen.

Spielverhalten nach Alter

2-6 Jahre — In dieser Altersgruppe findet das Spiel vorwiegend auf dem Boden statt. Die Nähe zu den Eltern ist sowohl für die Kinder („Mama guck mal...") als auch die Betreuungsperson wichtig. Die Kinder beschäftigen sich zwar auch alleine, beispielsweise in der Sandkiste oder üben ausdauernde Bewegungsabläufe, wie Rädchen fahren, sind dabei aber auf Beaufsichtigung und gelegentliche Unterstützung angewiesen.

7-11 Jahre — Die Kinder werden immer selbstständiger und spielen in kleinen Gruppen – die ständige Nähe Erwachsener ist meist unerwünscht. Mutproben, Geheimnisse, Bewegungsdrang und intensiver Bautrieb kennzeichnen dieses Alter. Eigene Bauwerke müssen oft lange erhalten bleiben, Aufräumen wird als Zerstörung und unerwünschte Einmischung Erwachsener empfunden.

12-16 Jahre — In dieser Altersgruppe nähern sich die Bedürfnisse an einen Garten immer mehr denen Erwachsener an. Sitzplätze für gesellige Runden mit Freunden, Kreativecken zum Basteln und Gestalten und Möglichkeiten der Naturbeobachtung sind ebenso beliebt wie Rückzugsmöglichkeiten und Plätze für Sportarten wie Tischtennis oder Badminton.

Erwachsene: Die Anforderungen Erwachsener an den Garten sind ebenso vielfältig wie die der Kinder verschiedener Altersgruppen: Große Plätze zum Feiern und für gemeinsame Spiele, ein ruhiges Plätzchen zum Entspannen, Gartenecken für das Hobby, ein Staudenbeet oder einen Nutzgarten, ein kleiner Teich, ein besonderer Baum oder eine Skulptur.

▶ Spielarten und Platzbedarf

Das Spiel im Freien ist durch Nichts zu ersetzen. Besonders nach den langen Wintermonaten drängt jedes Kind nach draußen. Die verschiedenen Arten des Spielens und deren Platzbedarf kann man in Gruppen untergliedern.

K inderspiele lassen sich nicht in „Schubladen" sortieren, es kann aber nützlich für die Planung sein, zwischen verschiedenen Spielarten zu unterscheiden. Eine grobe Einteilung in folgende Gruppen ist dagegen sinnvoll: Bewegungsspiele, Ruhespiele, soziale und kreative Spiele.

▲ Soziale Spiele sind für die kindliche Entwicklung von großer Bedeutung.

▼ Hier wird Platz benötigt, um Unfälle zu vermeiden.

■ **Bewegungsspiele**: Schaukeln, Rutschen, Klettern, Verstecken – die Platzansprüche für solche Spiele sind sehr groß, denn neben den benötigten Geräten müssen Sie immer auch einen Sicherheitsabstand einplanen um Unfälle zu vermeiden.

■ **Ruhespiele:** Für diese Spielart braucht man Nischen als Rückzugspunkte für Kinder, die zwischen dem Toben auch Erholungspausen brauchen und ungestört Geheimnisse austauschen wollen.

■ **Soziale Spiele:** Vor allem für Rollenspiele wie „Vater, Mutter, Kind" wird Platz in Form von Nischen vielleicht sogar in einem Baumhaus benötigt.

■ **Kreative Spiele:** Kreativ sind Kinder eigentlich immer, vor allem wenn sie Sand, Wasser, vielleicht sogar eine Matschanlage, Steine und Stöcke zur Verfügung haben.

Neben dem unterschiedlichen Platzbedarf der einzelnen Spielarten beeinträchtigen diese durch Unruhe, Lärm und Unordnung die Erwachsenen in unterschiedlicher Weise. Teilen Sie Sand- und Matschplätze, wo Kinder Lärmen dürfen, geschickt mit einer Hecke vom übrigen Garten ab, so ist das eine ideale Lösung.

Grundsätzlich gilt: Je vielfältiger Spielräume gestaltet sind,

desto mehr Sinnesreize bieten sie und um so mehr Spielarten sind möglich.

Die folgenden beiden Planungsbeispiele zeigen, wie der Garten einer Doppelhaushälfte durch einen unterschiedlichen Planungsansatz zu einem mehr oder weniger guten Resultat führen kann.

Im **Planungsbeispiel 1** ist ein Sand-Matschplatz für kleine Kinder in der Südecke des Grundstücks platziert. Das Was-

Mindest-Platzbedarf für verschiedene Spielarten

Spielart/Spielgerät	Mindest-Platzbedarf (m²)	Untergrund	Bemerkungen
Schaukel einsitzig	11	Rasen, Sand, Rindenmulch	3,5 x 3 m
Schaukel zweisitzig	16	Rasen, Sand, Rindenmulch	3,5 x 4,5m
Rutsche (Höhe 1,8 m)	10	Rasen, Sand	mit Grube 6 m Länge
Kombi-Spielgerät	30	Rasen, Sand, Kies	
Hochsitz/Baumhaus	4	Rindenmulch, Sand, Rasen	
Gartenhütte für Geräte	6	gestampfter Boden, Pflaster	
Spielhaus für kleine Kinder	4	Sand, Holzdielen	
Gartenhaus für Jugendliche	15	Holzdielen	
Weidentipi (Höhe 1,5 m innen)	4	Sand, Mulch, Heu, Stroh	Untergrundmaterial muss jährlich ausge tauscht werden
Heckenversteck	10	Rindenmulch	bei einreihiger Pflanzung
Sandkiste mit Spiel-und Sitzbrett	4	Dränage unter Sand	
Sand- u. Matschplatz	10	gestampfter Boden, Pflaster	
Tischtennis	24	Pflaster, wassergeb. Decke, Schotterrasen (4 x 6m)	
Boule/Boccia	72	wassergebundene Decke	3 x 24 m
Krocket, Gartenkegel	100	Rasen	5 x 20 m
Streettball (ein Korb)	100	Pflaster, wassergeb. Decke, Schotterrasen	
Badminton/Federball	100	Rasen, Pflaster, wassergeb. Decke	
Sitzplatz für vier Personen	10	Pflaster, wassergeb. Decke, Schotterrasen, Kies	
Sitzplatz für acht Personen	16	Pflaster, wassergeb. Decke, Schotterrasen, Kies	
Grillplatz, fest installiert	6	Pflaster	

▼ Planungsbeispiel 1

> ### Tipp
>
> ■ Grenzt man Spiel- und Ru-
> hezonen beziehungsweise
> Kinder- und Erwachsenen-
> bereiche durch eine ge-
> schickte Bepflanzung von-
> einander ab, werden alle
> Familienmitglieder zufrie-
> den sein und sich ungestört
> fühlen. Gemeinsame Spiele
> und Aktionen werden dann
> wieder mehr Freude berei-
> ten.

ser zum Matschen kommt aus einer verschlossenen (!) Regen-tonne mit Ablaufhahn, die vom Dach des Gartenhäuschens ge-speist wird. Später soll aus dem Sandplatz ein Teich mit Sitz-platz werden.

Bei dieser räumlichen Auftei-lung nutzen Eltern und Kindern gleichermaßen die gesamte Gartenfläche. Es fehlen Kletter- und Schaukelmöglichkeiten, es steht aber ein Gartenhäuschen zur Verfügung. Der Bereich für die Kinder ist in diesem Beispiel nur schlecht geplant, denn der vorhandene Platz ist weder kindgerecht noch wirklich durchdacht gestaltet worden.

Im **Planungsbeispiel 2**, ei-nem familiengerechteren Vor-schlag, ist der Spielbereich auf die Westseite des Hauses verla-gert. Da der Platz vom Haus aus abgeschirmt ist, lässt es sich hier viel ungezwungener spielen. Die Pflasterflächen des Vorgartens und der Westterrasse können mit genutzt werden, ohne dass die Erwachsenen auf der Haupt-terrasse gestört werden. Unter dem Carport kann man Schau-

keln befestigen, oder die Dachkonstruktion wird so verändert, dass auf dem Dach eine Plattform (als „Baumhaus") entsteht. Sogar eine Rutsche in die Sandgrube ist möglich, so dass mit einigen Änderungen ein wesentlich vielfältigerer Spielplatz als im Planungsbeispiel 1 entsteht.

Ein Spielplatz in Vorgartennähe hat außerdem noch den Vorteil, dass die Kinder und Jugendlichen über die Haustüre und den Windfang ins Haus gelangen, um von dort die Toilette zu benutzen oder ihre Zimmer aufzusuchen. (Im Planungsbeispiel 1 laufen sie nämlich regelmäßig mit schmutzigen Schuhen durch Ihr sauberes Wohnzimmer!).

Sie sehen also: Durch eine geschickte Bepflanzung auf der Westseite kann man den Garten in zwei Bereiche gliedern. So entsteht ein Garten mit zwei voneinander getrennten Zonen, die allen Familienmitgliedern etwas zu bieten haben, ohne dass es zu deswegen zu großen Interessenskonflikten kommen muss.

▼ Planungsbeispiel 2

▶ **Möglichkeiten der Mehrfachnutzung**

Einen Garten zu planen heißt auch an die Zukunft denken! Sollen alle paar Jahre, je nach Alter der Kinder, Spielgeräte erneuert und der Garten umgestaltet werden, oder können solche Folgekosten und die zusätzliche Arbeit durch eine vorausschauende Planung vermieden werden?

▲ Das Schaukelgerüst wird hier von der inzwischen jugendlichen Tochter weitergenutzt.

B ei der Planung verschiedener Spielbereiche müssen Sie unbedingt die sich ändernden Bedürfnisse der Familienmitglieder berücksichtigen. Wird die Mehrfachnutzung eines Gartenelements bedacht, das verschiedene Funktionen gleichzeitig erfüllt, kann man viele Jahre Freude daran haben. So kann die kostspielige Gara-

genzufahrt auch als Hartplatz zum Spielen geeignet sein, das Dach der Garage kann bei statischer Eignung und Sicherung durch ein Geländer zum Sonnen, als Terrasse oder Spielplatz genutzt werden. Die Terrasse ist natürlich als Sitzplatz geeignet, kann aber auch zum Wäsche trocknen und Tischtennis spielen genutzt werden. Mit im Schachbrettmuster verlegten Platten kann man eine Spielmöglichkeit schaffen, zu der man nur noch die Schachfiguren basteln muss.

Auch die Witterungsverhältnisse in Ihrer Wohngegend können unterschiedliche Planung bedingen. Liegt Ihr Garten im hangigen Gelände oder planen Sie einen Hang im Garten, so kann er in schneereichen Gebieten im Winter zum Rodeln und im Sommer als „Roll-Rasen" genutzt werden. In regenreichen Gebieten kann man hier einen Klettersteig einplanen.

Ein Gartenhäuschen kann im Sommer, je nach Größe, für die ganze Familie zur Verfügung stehen, während es im Winter als Unterstellmöglichkeit für die Gartenmöbel dient. Vor der

Planung lohnt es sich auch den Sonnenstand für alle Jahres- und Tageszeiten zu berücksichtigen. Es ist ideal, wenn ein Spielplatz im Frühling am Nachmittag in der Sonne liegt. Kann er im Sommer durch einen Laubbaum in der Nähe beschattet werden, ist der Platz gut ausgesucht. Entwerfen Sie sich ein Schattendiagramm der Gebäude und Bäume für verschiedene Jahres- und Uhrzeiten, bevor Sie mit der Planung beginnen.

Viele Beispiele sind in der nebenstehenden Tabelle zusammengefasst.

Mehrfachnutzung

Verschiedene Funktionsbereiche im Garten mit Mehrfachnutzung

Garage	Geräteschuppen, Dachbegrünung und/oder Dachterrasse, „Baumhaus" auf dem Dach, Rutsche vom Dach herunter, Schaukel an verlängertem Balken
Garagenzufahrt	Hartplatz zum Rädchen fahren, Tischtennis, Korbball, Badminton, Boule
Carport	Schaukelplatz, „Baumhaus" auf dem Dach, Rutsche vom Dach herunter
Pergola	Schaukelplatz, Kombi-Spielgerät, Sichtschutz, Gartengliederung, Rankgerüst, Wäsche trocknen
Terrasse	Kinderspiele, Wäsche trocknen, Tischtennis, Gartenkegel, Gartenschach
Böschungen	Treppenbeete, Duftbeete neben Treppe, Rutsche, Klettergarten, Sitzstufen
Vorgarten	Kinderspielplatz, Nutzgarten
Heckenverstecke und Weidentipi	Gartengliederung, Sichtschutz, Spielhäuschen Abgrenzung zur Straße, Sichtschutz zu Nachbarn, Gartengliederung, Spielraum, Spielhöhle
Gartenhaus	Sichtschutz, Garten- und Spielgeräteaufbewahrung, Holzlager unter Dachüberstand, „Baumhaus" auf dem Dach, Regenwassersammelstelle bei Steildach, Spielhaus, „Jugendtreff"
Wasserspiele	Feuchtbiotop, Gießwasser, Kneippanlage, Bachlauf

◀ ▲ Vielleicht kann der alte Sandkastenplatz später als Feuerstelle dienen?

Kapitel 2

Gartenplanung leicht gemacht

▶ Träume ergründen

▶ Den eigenen Stil finden

▶ Bestandsaufnahme machen

▶ Höhendifferenzen bestimmen

▶ Ideen zeichnerisch gestalten

▶ Pflanzungen kindersicher planen

▶ *Träume ergründen*

Bevor die eigentliche Planung beginnt, ist es wichtig, erst einmal alle Wünsche der zukünftigen Gartenbewohner zu ergründen. Familiengärten sollten demokratisch geplant werden – ein von jedem Familienmitglied geschriebener oder gemalter Wunschzettel leistet hier gute Dienste.

▲ Wer wünscht sich nicht einen solchen Weidentunnel?

L assen Sie Ihre Familie dazu ruhig einmal träumen, denn es ist wichtig für die Planung, die wahren Wünsche aller Familienmitglieder kennen zu lernen. Ihre Aufgabe ist es nun, aus den Wünschen einen realistischen Garten zu entwickeln. Diskutieren Sie, welche Traumelemente wegfallen können, sei es aus Platzgründen oder weil sie einfach nicht realisierbar sind.

Ein Swimmingpool ist beispielsweise oft zu unwirtschaftlich, denn er kann in den meisten Gegenden nur eine sehr begrenzte Zeit genutzt werden. Vielleicht gibt es ja auch ein Freibad in der Nähe?

Fünf Traumgärten einer Familie

Sophie, 11 Jahre:	Pferdestall mit Heuboden, Swimmingpool, Rasen zum Federball spielen, Hängematte, Tennisplatz, große Bäume, sonnige Wiese
Marie, 7 Jahre:	Kletterbaum mit Baumhaus und Schaukel, eigener kleiner Garten für Blumen, Stall und Auslauf für zwei Kaninchen, Wald
Benjamin, 3 Jahre:	Sandgrube mit Wasser zum Matschen, umgefallene Baumstämme, Höhle, Berg zum Runterrutschen, Fußballplatz, Schaukel
Vater:	Teich mit ruhigem kleinen Sitzplatz, Gartenhütte für Werkzeug und Werkbank, Platz zum Holz hacken, großer Baum der Waldstimmung schafft, Grillplatz, Vogelgesang
Mutter:	Kräuterbeet, gemauerter Platz zum Anrichten des Essens auf großer Terrasse, zum Sträuße binden und Zimmerpflanzen umtopfen, großes Becken mit Wasserhahn zum Säubern von Töpfen und Schuhen, überdachter Platz zum Wäsche trocknen, japanischer Garten mit Findlingen, Gräsern, Steinlaterne, Liegestuhl in sonniger Wiese, blaue und gelbe Blumen

Wünsche von Kindern

Typische Wünsche von Kindern nach Altersgruppen

2-6 Jahre: Sandkiste, Wasser zum Matschen, Kinderhäuschen, Schaukel, Wipptiere, Rutsche, Platz zum Rädchen und Roller fahren....

7-11 Jahre: Baustelle zum Matschen und Graben, Teich, Höhle, Baumhaus, Kletterbaum, Schaukel mit Klettermöglichkeit, Tiere, Hügel, Bolzplatz, Skaterbahn......

12-16 Jahre: Basketball- bzw. Streeetballkorb, Tischtennisplatte, Grillplatz, eigenes Gartenhaus, Hängematte, Swimmingpool.....

Reduzieren Sie die Vorschläge Ihrer Familienmitglieder auf solche, die in einem Garten sinnvoll sind, die zueinander passen und von mehreren Familienmitgliedern gewünscht werden. So könnte die Höhle des Jüngsten unter dem Baumhaus Platz finden, denn der Vater hat sich einen Baum im Garten schon lange gewünscht. Der umgestürzte Baumstamm schafft zusammen mit Baumstubben, Rindenmulch, Schatten verträglichen Gehölzen und Farnen Waldatmosphäre und das Ganze passt in einen Gartenteil, der von der Sonne nicht verwöhnt wird, wo aber dennoch Blumen, besonders Frühblüher wachsen.

Rasen hat man sowieso geplant, ist die Fläche eben, kann man darauf Federball spielen.

Statt eines Tennisplatzes rollt man ab und an eine Tischtennisplatte auf die Terrasse, an deren Seite sich eine gemauerte „Küche" mit Grill, Arbeitsplatte und großer Spüle befindet. Das Kräuterbeet rahmt die Terrasse teilweise ein, liegt diese höher, kann es in Form eines Steingartens oder rechts und links der Treppe angelegt werden und für das eigene kleine Gärtchen der Tochter findet sich sicher eine kleine Ecke. Der japanische Garten der Mutter könnte im Vorgarten seinen Platz bekommen.

Wünsche von Kindern sind oft durch ihre Erfahrungen auf den Spielplätzen geprägt. Deshalb zählen sie meist solche Geräte auf, die sie im Kindergarten oder auf öffentlichen Spielplatzen kennen gelernt haben. Im eigenen Garten ähnliche Zustände zu schaffen ist jedoch kaum möglich. Zum Einen spielen Platz- und Kostengründe eine entscheidende Rolle, zum Anderen macht das Spiel an diesen Geräten meist nur in Gruppen Spaß. Man muss also die Kinder genau beobachten, wenn sie alleine oder mit Geschwistern und Freunden in der Natur spielen. Kreative und kooperative Spiele überwiegen dann meist.

TIPP

■ Wenn nicht alle Wünsche erfüllt werden, jeder aber auch wenigstens einen seiner Wünsche verwirklichen darf, sind in der Regel nachher alle Familienmitglieder mit der realitätsnahen Liste zufrieden.

▶ *Den eigenen Stil finden*

Schwieriger als das Schreiben eines Wunschzettels ist es, alles so anzuordnen, dass ein Stil erkennbar wird und durch die richtige Material-, Farb- und Pflanzenwahl die erträumte Atmosphäre einzufangen.

Der Gartenstil gibt ganz individuell auch die Lebenseinstellung seiner Bewohner wieder. Vielleicht befinden sich auf den Wunschzetteln schon konkrete Hinweise auf einen bestimmten Gartenstil, manchmal sind sie allerdings nur indirekt erkennbar. Wenn sich Kinder einen Abenteuerspielplatz wünschen, ist damit in der Regel kein ordentlich auf dem Rasen stehendes Klettergerüst im Stil eines Piratenschiffs gemeint, sondern eher eine abgeschiedene Gartenecke mit üppiger Bepflanzung, Baumaterial und der Möglichkeit, etwas zu verändern. Der Traum vieler Erwachsener, bunte Blumen und Schmetterlinge in ihrem Garten zu beheimaten, muss nicht unbedingt arbeitsintensive Staudenbeete zur Folge haben. Ein Stückchen Blumenwiese oder ein bunter Heckensaum erfüllen den gleichen Zweck, benötigen kein eigenes Beet und sind zudem wesentlich pflegeleichter. Waldatmosphäre können sie auch mit einem einzigen Baum, Farnen und Rindenmulch in einem schattigen Eckchen herbei zaubern.

Weniger ist bei der Gartengestaltung oft mehr, und so sollten Sie sich auch auf wenige, zueinander und zum Haus und der Umgebung passende Materia-

Der Stil des Gartens

Gartenträume und deren unterschiedliche Verwirklichung prägen den Stil des Gartens

Viel Wasser:	kleiner Teich, dekoratives Wasserbecken, Wasserspielanlage, Bachlauf
Wald:	ein bis drei Laubbäume oder –sträucher, darunter Gräser, Farne, Rindenmulch, Baumstubben, Felsbrocken
Viele Blumen und Schmetterlinge:	Blumenwiese, Blumenrasen, Heckensaum, Zaun- und Fassadenbegrünung
Felsen:	Steinsetzungen aus Findlingen, Trockenmauer, Schotterrasen, Natursteinterrasse, Natursteintreppe
Abenteuerspielplatz:	liegende Baumstämme, Baumstubben, Heckenverstecke, Gruben, Halbhöhle, Hexenhaus, Weidentipi
Für Genießer:	Bauerngarten, Kräutergarten, Obstgarten, Wildobsthecke
Für die Sinne:	Duftpflanzen, Pflanzungen nach Farben, Wasserplätschern, raschelnde Gräser
Für Naturliebhaber:	Pflanzen für Schmetterlinge, Nisthilfen und Beerensträucher für Vögel, Winterquartiere für Reptilien und Säugetiere, Feuchtbiotope für Amphibien

lien beschränken – eine bis höchstens zwei Gesteinsarten für Pflasterflächen, Natursteinsetzungen und Einfassungen, entweder naturbelassenes oder gestrichenes Holz.

Dasselbe gilt für gewählte Formen, denn nichts wirkt zufälliger und unruhiger wie eine Mischung aus runden und eckigen Toren, Pergolen, Beeten und Pflasterflächen. Beschränken Sie sich jedoch auf eine Form als „Thema", das Sie mit wenigen Materialien variieren, bekommt auch ein kleiner Garten Großzügigkeit, Atmosphäre und Stil.

Wird der Garten in verschiedene Räume eingeteilt, sollten Sie versuchen, die einzelnen Bereiche ineinander übergehen zu lassen. Dies kann durch das Pflanzen „grüner Wände" mit Heckensträuchern genauso erreicht werden wie durch das Anlegen von Wegen und Rabatten. Geschickt angeordnet, lassen sie einen Garten größer erscheinen. So lässt eine quer angeordnete Hecke ein langes schmales Grundstück breiter erscheinen, während ein scheinbar hinter einer Pflanzung verschwindender Weg bewirkt, dass ein kleines Grundstück länger wirkt. Ein gestalteter Hintergrund kann dem Auge Ruhe vermitteln. Ist das

Grundstück schmal, verlegt man den Hintergrund nach vorne und schafft dahinter weiteren Gartenraum. Dieser eignet sich hervorragend als Spielecke und kann später zum Nutzgarten umgewandelt werden.

► *Bestandsaufnahme machen*

In einen Bestandsplan werden alle schon vorhandenen Gartenelemente, wie Bäume und Hecken, aber auch Elemente aus Nachbargärten sowie wichtige Bestandteile des Hauses aufgenommen.

Zur Bestandsaufnahme brauchen Sie einen Freiflächenplan im Maßstab 1:100, bei größeren Grundstücken 1:200. Ergänzen Sie ihn um alle bereits vorhandenen Elemente auf dem eigenen Grundstück, wie die Hausumrisse mit den Fenster- und Türausschnitten, Pflasterflächen, Versorgungsleitungen, Zisternen, Regenfallrohre, Stützmauern und Treppen. Zum Einmessen müssen Sie mit einem langen Maßband die genaue Position feststellen, anschließend die Lage mit Maßangaben im Plan eintragen.

Stehen auf Ihrem Grundstück Gehölze, werden auch sie maßstabsgerecht in den Plan aufgenommen. Selbst absterbende Bäume können noch als Gerüst für ein Baumhaus dienen. Beim Hausbau oder der Renovierung geschädigte Sträucher erholen sich durch einen Rückschnitt oft erstaunlich gut und sollten ebenfalls in den eigenen Plan integriert werden.

Nicht sichtbare Elemente können Sie außerdem vor Ort mit Pflöcken und Bändern markieren, damit man sich beim Blick in den Garten vom Haus aus ein Bild von deren Lage machen kann. Weiterhin sollten Sie auch bestimmende sichtbare Elemente der Nachbargärten, wie Gebäudeteile und Bäume, sowie deren Schattenwurf, am Rand Ihres Planes einzeichnen.

Zur Bestandsaufnahme gehört auch, dass Sie sich informieren, welche Spielmöglichkeiten die nährere Umgebung bietet. Gibt es einen ansprechenden Spielplatz mit Spielgeräten? Ist ein Platz in der Nähe, auf dem sich die Kinder für Ballspiele treffen?

Folgende Pläne, die zu Ihrem Grundstück gehören, sind für die Gartenplanung sehr wichtig:

Der **Freiflächenplan** gehört zum Bauantrag und zeigt die geplante Lage vom Haus und den Nebenanlagen auf Ihrem Grundstück. Außerdem werden bestimmte Auflagen berücksichtigt, die die Pflanzung eines Obstbaumes festschreiben oder, die Verwendung heimischer Gehölze. Vergewissern Sie sich

TIPP

- Es erscheint oft einfacher, ein völlig leeres Grundstück zu planen als Vorhandenes mit einzubeziehen. Bedenken Sie aber, dass Gehölze einige Jahre Wachstum benötigen, bis sie raumbildend wirken, Sichtschutz geben oder wilde Spiele aushalten. Fällen Sie deshalb keine Gehölze, bis Sie den Garten endgültig geplant haben!

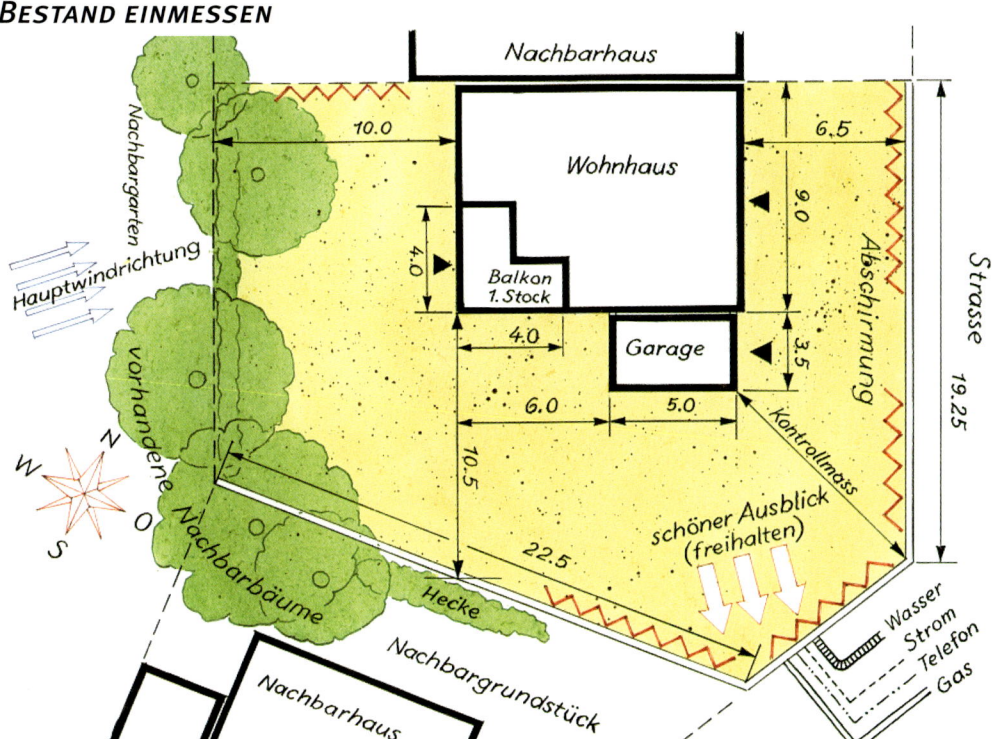

auch im Bebauungsplan, was Ihre Baubehörde bezüglich der Außenanlage vorschreibt, bevor Sie die Gartengestaltung geau planen.

Der **Amtliche Lageplan** kann für die Gartenplanung ebenfalls hilfreich sein, da er die schon bestehenden Nachbargebäude, Straßen, Wege und andere Versorgungseinrichtungen zeigt. Wenn Sie sich davon einen Ausschnitt auf den Maßstab 1:100 vergrößern, haben Sie bereits eine gute Planungsvorlage. **Grundleitungspläne** zeigen, wie die Versorgungsleitungen (Strom, Wasser, Kanal, Gas, Telefon) zu und in Ihrem Grundstück verlegt sind.

1 Die einzelnen Positionen werden festgestellt, indem man am besten von zwei bekannten Punkten, die im rechten Winkel zueinander liegen sollten, mit einem langen Maßband einmisst.

2 Sichtbare Elemente aus Nachbargärten müssen unbedingt am Rand des Plans festgehalten werden. Was nicht sichtbar ist, wird mit Pflöcken und Bändern markiert.

Das benötigen Sie:

- Ein bis zwei Helfer, Maßband (je nach Grundstücksgröße von 10 bis 20 m Länge), Pflöcke und Vorschlaghammer, rot-weißes Absperrband, Zollstock, feste Unterlage und Wäscheklammern oder Klemmbrett für den Plan, wasserfesten Stift, ev. Farbstifte, mehrere Plankopien im Maßstab 1:100 oder einen Block Transparentpapier (Achtung: der Maßstab der Plankopie muss mit einem Lineal überprüft werden, da er sich beim Kopieren ändern kann!)

▶ *Höhendifferenzen bestimmen*

Schwieriger als das Einmessen in der Ebene ist das Bestimmen der Höhenunterschiede auf hangigen Grundstücken. Oft sind größere Schwierigkeiten bei der Planung und Gestaltung zu überwinden, es können sich aber auch eine Vielzahl an Möglichkeiten auftun.

Das benötigen Sie

- Einen Helfer, zwei Zollstöcke, Richtlatte von 2 oder 3 m Länge, Wasserwaage, Taschenrechner, Pflöcke und Latten, Nägel und Hammer

▼ Bei diesem Modell wird deutlich, wie Höhenunterschiede genutzt beziehungsweise überwunden werden können.

Für eine genaue Planung ist das Einmessen und Bestimmen der Höhenunterschiede oft unerlässlich, denn alle Änderungen des Bodenprofils haben Erdbewegungen zur Folge, die nach der Masse der zu bewegenden Erde berechnet werden.

Gehen Sie für die Höheneinmessung von einem Punkt Null, am besten der Terrassenoberkante, aus und bestimmen Sie nun in sinnvollen Abständen die Höhen des Geländes. Alle diese Punkte markieren Sie dann anschließend in Ihrer Planskizze und verbinden die Punkte, die auf der gleichen Höhe liegen miteinander, bis Sie eine topografische Karte erhalten, die den Geländeverlauf grob wiedergibt. Wem die Höhenmessung zu schwierig erscheint, der kann einen Landschaftsgärtner, einen Vermessungstechniker oder auch Architekten damit beauftragen. Fragen Sie am besten bei Ihrem zuständigen Bauamt nach. Das Honorar für eine fachgerechte Einmessung und das Zeichnen eines topografischen Plans richtet sich nach der Grundstücksgröße oder dem Zeitaufwand.

Nach der Bestimmung des Geländeverlaufs sollten Sie überlegen, welche Teile des Grundstücks verändert werden müssen, damit es gut nutzbar wird. Dazu legen Sie am besten ein Stück Transparentpapier auf den Plan mit dem Ist-Zustand und zeichnen dann alle die geplanten Höhenlinien darauf. An den Schnittstellen der Linien, die den Ist- und Soll-Zustand markieren, wird in der Regel eine Stütze in Form einer Mauer, einer Treppe oder Rampe oder etwas Ähnliches nötig werden. Deren Höhe ergibt sich aus der Differenz der ermittelten Höhenlinien. Höher als 80 cm sollte sowohl aus optischen als auch aus statischen Gründen jedoch keine Stützmauer oder Treppe ausfallen. Ist die ermittelte Differenz größer, dann muss man sich überlegen, wie man das Gelände mit mehreren Stützmauern abtreppt. Die Stufen dazwischen können je nach ihrer Breite für Beete genutzt werden.

Steile Grundstücke sollte man in mehrere ebene Zonen gliedern, die sinnvollerweise mit Stützmauern, Böschungen oder auch Stufen voneinander getrennt werden. Diese müssen nicht im rechten Winkel zum

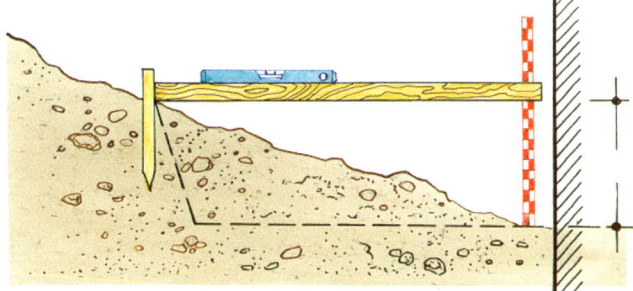

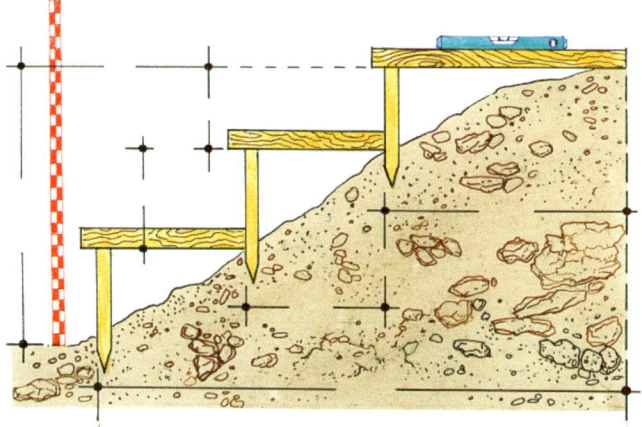

Hang verlaufen, sondern können durch eine geschwungene Linienführung sehr natürlich wirkend gestaltet werden. Dadurch ergibt sich ganz von selbst eine Aufteilung in verschiedene Gartenbereiche, die auf unterschiedliche Weise genutzt werden können.

Besonders schwierig zu gestalten sind Gärten, die Gefälle in zwei Richtungen aufweisen. Hier sollten Sie schon vor der geplanten Terrassierung genau wissen, in welche Zonen der Garten gegliedert werden soll

▲ Bestimmen der Höhendifferenz mit einfachen Mitteln.

und welchen Platzbedarf Sie für die verschiedenen Nutzungsarten haben, damit sich der Aufwand an Stützmauern in Grenzen hält und der Garten nicht zu unübersichtlich wird.

Um dem Eindruck vorzubeugen, das Haus throne über dem Garten und somit den „Präsentiertellereffekt" zu vermeiden, sollten Sie jeder Hausseite eine ebene Fläche in Form einer Terrasse oder einer Rasenfläche zuordnen. Werden Treppen mit aufgefächerten Stufen und Zwischenpodesten gebaut, Rampen

in geschwungenem Verlauf angeordnet und abgetreppte Stützmauern mit breiten Beeten dazwischen versehen, können durchaus auch steile Grundstücke eine gewisse Großzügigkeit ausstrahlen.

Wer ein Grundstück ohne Höhendifferenzen hat, spart zwar zeit- und kostenintensive Erdarbeiten. Ganz ebene Gründstücke können aber auch etwas langweilig wirken und sind für Kinder auch ziemlich uninteressant, da viele Möglichkeiten zum Klettern, Rutschen und sich Verstecken fehlen. Planen Sie bei ebenen Grundstücken dagegen einen kleinen Hügel, einen vertieften Sitzplatz oder auch einen kleinen Wall zur Straße hin ein, dann schaffen Sie damit ein Vielfaches an

Wie viel Erde wird gebraucht?

■ Locker aufgeschüttete Erde hat in der Regel 30% mehr Volumen als in natürlichem beziehungsweise eingebautem Zustand. Dies müssen Sie bei der Volumenberechnung berücksichtigen. Zur Berechnung von Erdmassen kann man folgende Näherungsformeln anwenden:

■ Für einen kegelförmigen Erdhaufen
$V = h \times (d/2)^2$
(V=Volumen, h=Höhe des Erdhaufens, d=Durchmesser des Erdhaufens)

■ Für einen Pyramidenstumpf
$V=(G + D)$ Halbe x h
(G=Grundfläche, D=Deckfläche des Pyramidenstumpfes)

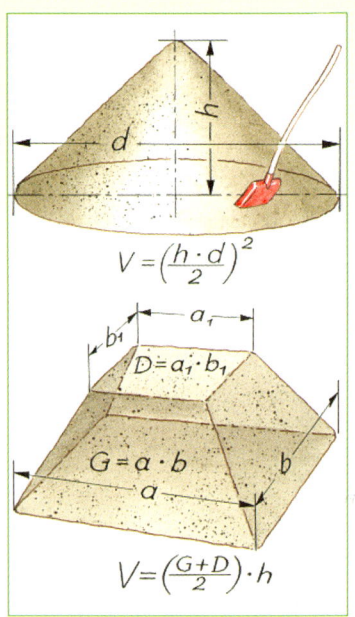

$$V = \left(\frac{h \cdot d}{2}\right)^2$$

$$D = a_1 \cdot b_1$$

$$G = a \cdot b$$

$$V = \left(\frac{G+D}{2}\right) \cdot h$$

Spiel- und Bewegungsmöglichkeiten. Die beim Ausheben beziehungsweise beim Nivellieren anfallenden Erdmassen könnten Sie möglicherweise an anderer Stelle wieder verwenden. Bevor Sie jedoch Erdbewegungen planen, müssen Sie unbedingt die geltenden Bestimmungen über Anschüttungen und Abgrabungen bei Ihrem Bauamt erfragen.

▲ Höhenunterschiede am Haus sind hier sinnvoll und kindgerecht genutzt.

▶ *Ideen zeichnerisch verwirklichen*

Das Zeichnen eines Planes ist nicht so schwierig, wie viele Leute glauben, denn der Plan muss nicht unbedingt schön sein. Wichtig ist, dass er maßstabsgetreu und verständlich dargestellt ist.

Endgrößen von Bäumen und Sträuchern

Höhe (H) und Kronendurchmesser (D) verschiedener Gehölze (in Metern), die sich für familiengerechte Gärten eignen:

	H	D
Bäume		
Feldahorn (Acer campestre)	15	6
Traubenkirsche (Prunus padus)	10	7
Vogelbeere (Sorbus aucuparia)	15	6
Hainbuche (Carpinus betulus)	25	10
Birke (Betula pendula)	20	6
Trauerweide (Salix x sepulcralis)	15	15
Mandelweide (Salix triandra)	10	5
Holzapfel (Malus sylvestris)	10	4
Birne (Pyrus communis)	4-20	5
Apfel (Malus domestica)	3-6	6
Mispel (Mespilus germanica)	6	3
Kirschpflaume (Prunus cerasifera)	3	6
Pflaume (Prunus domestica)	6	5
Sauerkirsche (Prunus cerasus)	6	4
Sträucher		
Ohrweide (Salix aurita)	3	2
Grauweide (Salix cinerea)	6	3
Purpurweide (Salix purpurea)	6	3
Korbweide (Salix viminalis)	10	4
Hasel (Corylus avellana)	6	5
Eingriffeliger Weißdorn (Crataegus monogyna)	5	3
Roter Hartriegel (Cornus sanguinea)	4	3
Grün-Erle (Alnus viridis)	3	3
Kornelkirsche (Cornus mas)	6	4
Schwarzer Holunder (Sambucus nigra)	6	3
Wolliger Schneeball (Viburnum lantana)	3	2
Rote Heckenkirsche (Lonicera xylosteum),	2	2
Gemeine Felsenbirne (Amelanchier lamarckii)	4	4
Blasenstrauch (Colutea arborescens)	6	2
Sommerflieder (Buddleja davidii)	5	3

Nachdem Sie nun alle wichtigen Dinge in und um Ihren Garten vermessen und in einen Plan eingezeichnet haben, sollten Sie von diesem Plan einige Kopien machen, denn er dient nun als Grundlage für alle Entwürfe, die Sie und Ihre Familienmitglieder machen werden. Eine andere Möglichkeit ist, alle Entwürfe auf Transparentpapier zu zeichnen und diese über den Bestandsplan zu legen. So kann man gut erkennen, welcher Entwurf sich am besten mit den Gegebenheiten verträgt.

Man kann Kommentare an den Rand der Zeichnung stellen, sollte aber möglichst wenig in die Mitte schreiben. Den Bestand, also alles schon Vorhandene, kann man mit einem dicken Strich einrahmen, die geplanten Elemente mit einem dünneren. Sinnvoll ist es auch die üblichen Symbole für die Elemente zu verwenden – das schafft zusätzliche Klarheit.

Ein Beispiel hierfür gibt der nebenstehende Entwurfsplan. Um realistisch planen zu können müssen Sie alle Bäume und Sträucher immer in der zu erwartenden Endgröße zeichnen.

Feldweg

Nachbar

+1.95

Wäsche

+1.40

Garage

Wohnhaus mit Einliegerwohnung

Nachbar

+1.50
EG

+0.60

–1.25
UG

29.0

12.0

9.5

7.5

±0.00

Strom
Wasser
Telefon

Grenze

Strasse

13.5

Grenze

Bäume

Sträucher

Hecke

Beetstauden

Begrünte Wände

Steinmauer

Trockenmauer

Kies

Rasen

Rasengitter

Platten

Holtzbohlen

Treppe

Zaun

Eingang

Norden

Höhenlinien

Höhenmeßpunkt

Dachwasserablauf

Zisterne

▶ *Pflanzungen kindersicher planen*

Pflanzen gehören zu einem Garten wie Fenster zu einem Haus. Die Auswahl ist aber groß und nicht immer einfach. Vor allem wenn man Kinder hat und sie vor möglichen Gefahren schützen will.

▼ Kinder lernen Pflanzen kennen, wenn Sie bei deren Pflege mithelfen dürfen.

TIPP

■ Heimische Pflanzen haben den unschätzbaren Vorteil, dass sie ohne aufwändige Pflege wachsen und Tiere anlocken, die als Nützlinge sehr beliebt sind. Sie selbst dienen dagegen als Nahrung für Vögel und deren Jungen, die sich im kommenden Winter an den Beeren laben und uns im darauf folgenden Frühling mit ihrem Gesang erfreuen.

Gehölze gliedern den Garten und schaffen Gartenräume, sie geben einem Garten Stil und Atmosphäre wenn sie richtig zusammengestellt und angeordnet werden. Auch hier ist die Beschränkung auf wenige Arten beziehungsweise Pflanzengesellschaften besser als wahllose Sammelleidenschaft. Sehen Sie sich bei der Planung ruhig erst einmal in der Natur um und betrachten Sie den Aufbau natürlicher Pflanzengesellschaften. Wachsen die Pflanzen einzeln oder in Gruppen? Welche stehen im Schatten? Wie sieht der Boden unter den betreffenden Pflanzen aus?

Wählen Sie heimische Gewächse für Ihren Garten aus, dann ist die Wahrscheinlichkeit, dass diese Pflanzen auch gedeihen sehr groß. Darüber hinaus werden Vögel und Insekten, sowie andere Tiere angelockt, die sich als Nützlinge im Garten erweisen, uns aber auch nur durch ihre Anwesenheit erfreuen.

Fotografieren Sie Anblicke, die Ihnen besonders gut gefallen und notieren Sie sich die Größe des Ensembles sowie die Jahreszeit. Ein einfaches Bestimmungsbuch mit farbigem Bestimmungsschlüssel und Fotos hilft, die Namen derjenigen Pflanzen heraus zu finden, die Ihnen besonders gut gefallen. Es gibt außerdem Aufschluss über das natürliche Vorkommen, den bevorzugten Standort und die Blühzeiten der Pflanzen, Informationen die uns auch im Garten bei Pflanzung und Pflege weiter helfen.

Auch der Besuch eines botanischen Gartens, einer Gärtnerei mit Schaupflanzungen und der Blick über andere Gartenzäune helfen meist weiter. Es ist jedoch nicht ganz einfach, sich eine eingewachsene Pflanzung da vorzustellen, wo bisher nur Bauwüste herrscht.

Pflanzen wachsen und gedeihen, blühen und verblühen sehen – das ist besonders für Kinder wichtig und die Natur im eigenen Garten zu erleben hat sicher eine besondere Bedeutung. Binden Sie Ihre Kinder bei der Pflanzung und Pflege mit ein, lernen sie darüber hinaus auch Verantwortung zu tragen.

Pflanzen bergen aber auch Gefahren in sich. Über die Giftigkeit verschiedener Arten hinaus kann es durch Dornen, Stacheln oder spitze Äste zu Verletzungen kommen.

Die Gefahr von Giftpflanzen wird oft übertrieben, denn Todesfälle sind in den letzten Jahren keine mehr vorgekommen. Stoffe, die für den Menschen tödlich sind, sind in allen Pflanzen enthalten, es ist nur eine Frage der Dosis, ob Vergiftungserscheinungen auftreten. Übrigens sind auch viele unserer üblichen Zimmer- und Kübelpflanzen giftig. Man sollte demnach den Kindern erklären, welche Pflanzenteile man essen

Geeignete Pflanzen

Pflanzen, die für Spielbereiche nicht geeignet sind, aber dennoch in Familiengärten gepflanzt werden können

- Gehölze mit Stacheln und Dornen:
  Rosen, Weißdorn, Rotdorn, Schlehen, Berberitze, Sanddorn, u.a.
- Gehölze, die leicht giftig sind und/oder Allergien auslösen können:
  Ginster, Wachholder, u.a.
- Stauden, die giftig sind und/oder Allergien auslösen können:
  Maiglöckchen, Herbstzeitlose, Herkulesstaude, u.a.
- Auf Roten Fingerhut und Eisenhut sollten Sie ganz verzichten, wenn kleine Kinder im Haushalt sind.

kann und ihnen erlauben, Walderdbeeren, Johannisbeeren und Stachelbeeren nach Herzenslust selbst zu pflücken. Alle anderen Früchte sind nur den Vögel vorbehalten, dies können auch ganz kleine Kinder verstehen.

Ungeeignete Pflanzen

Leben Kleinkinder in Ihrem Haushalt, sollten Sie allerdings auf folgende Gehölze verzichten, deren Beeren sehr giftig sind und mit essbaren verwechselt werden können:

- Tollkirsche (*Atropa belladonna*), Seidelbast (*Daphne, alle Arten*). Pfaffenhütchen (*Euonymus europaea*), Eibe (*Taxus baccata*) (giftig sind hier Blätter, Rinde und der Kern der Beere, nicht aber das rote Fruchtfleisch!)

◄ Tollkirsche

► Pfaffenhütchen

◄ Seidelbast

► Eibe

Kapitel 3

Planungsbeispiele für kindgerechte Gärten

▶ Ein kleiner Reihenhausgarten in Mittenlage

▶ Der Garten einer Doppelhaushälfte

▶ Der Garten eines älteren Einfamilienhauses

▶ Ein kleiner Reihenhausgarten in Mittenlage

*Skizze A zeigt die Planung eines kleinen schmalen Reihen-
hausgartens einer Familie mit einem sehr kleinen und einem
größeren Kind.*

1 Die Holzterrasse mit großzügigen Stufen stellt einen schönen Übergang vom Haus zum Garten dar und kann das ganze Jahr zum Spielen genutzt werden. Die Pergola über der wetterfesten Bank-Tisch-
Kombination kann begrünt oder bei Bedarf mit einem Sonnensegel
abgedeckt werden. Für das Kleinkind gibt es eine Sandkiste ganz in
der Nähe des elterlichen Sitzplatzes. Begrünte Sichtschutzwände
schirmen die Terrasse gegen die Nachbarn ab.

2 Kleine Beete sind mit wenigen sorgfältig ausgewählte Zwerggehölzen,
Stauden und Gräsern bepflanzt, die zu jeder Jahreszeit einen schönen
Anblick bieten. Die Rasenfläche gibt dem kleinen Garten Großzügigkeit und bietet den Kindern Spielraum. Da sie in kleinen Gärten intensiv genutzt wird, sollte der Boden vor der Ansaat stark abgemagert
werden, damit er nicht vernässt.

3 Ein kleines Gartenhaus mit begehbarem Flachdach bietet Stauraum
oder ist Spielhaus für die Kinder. Man kann es mit abnehmbaren
Seitenwänden konstruieren und so dem Platzbedarf im Innern der
Hütte an die jeweiligen Bedürfnisse anpassen. Ein Firstbalken des
Daches wurde hier verlängert und mit einer weiteren Stütze versehen,
so dass eine Schaukel zur Verfügung steht, die weniger raumgreifend
ist als eine freistehende und sich zudem besser in den Garten einfügt.
Der Platz neben der Hütte dient als Kinderbaustelle in der es sich
herrlich matschen lässt, wenn man das Dachwasser der Hütte nutzt.

▶ *Neu- und Umplanung*

Skizze B zeigt Möglichkeiten der gartenumgestaltung nach einigen Jahren, wenn die Kinder größer geworden sind.

1 Die Sandkiste wurde in ein Wasserbecken umgewandelt. Man kann daraus aber auch ein Kräuterbeet, einen kleinen Steingarten oder sonstigen Blickfang machen. Für die Kletterpflanzen kann man den Pflanzgraben unter der Holzterrasse schon vor deren Bau anlegen.

2 Hat man mit dem Heranwachsen der Kinder mehr Zeit, kann die Rasenfläche teilweise auch in Staudenbeete umgewandelt werden. Die Pflanzen und Gehölze sind gewachsen und es wird deutlich, dass der hier begrünte Zaun weniger Platz benötigt als eine Hecke, kleinkronige Hochstämme weniger Raum als Halbstämme beanspruchen, da man unter der Krone hindurch laufen kann. Allerdings bieten Halbstämme und Stammbüsche besseren Sichtschutz.

3 Der überdachte Außenplatz des Gartenhauses dient als Holzlager zum Unterstellen weiterer Gartenmöbel. Die größer gewordenen Kinder bekommen auf dem Dach einen Hochsitz mit Geländer und Sonnensegel. Hier wurde die Schaukelkonstruktion entfernt, sie kann aber auch später noch Erwachsenen zum Aufhängen einer Hängematte oder einer Hollywoodschaukel dienen, zum Rosenbogen oder, zusammen mit weiteren Pfosten, auch zu einer Überdachung umfunktioniert werden. Die Kinderbaustelle ist nun ein geschützter Grillplatz, es könnte aber auch ein Nutzgarten daraus entstehen.

▶ Der Garten einer Doppelhaushälfte

Bei diesem Beispiel handelt es sich um eine Neugestaltung sowie eine geplante Umgestaltung, wenn die jetzt noch sehr kleinen Kinder größer sind.

1 Die Terrasse vor dem Wohnzimmer besteht aus einem Holzdeck mit großzügigen Stufen, die die Höhendifferenz zum Gartenteil und dem gepflasterten Platz auffangen. Ein abgestuftes Kräuterbeet rundet die Hausecke ab, kaschiert die Kelleraußentreppe und ist trockenen Fußes von Wohnzimmer und Küche aus zu erreichen. Auf der anderen Terrassenseite befindet sich eine begrünte Sichtschutzwand sowie ein abgestuftes Staudenbeet, das einen schönen Übergang vom Holzdeck zum Rasen darstellt. Die Rasenfläche wird begrenzt von einer gemischten Hecke zum Nachbarn hin und einem lebenden Weidenzaun auf der Wegseite.

2 Der lange schmale Garten wird durch die Spielzone gegliedert. Das Spielgerüst bietet ein Kinderhaus, eine Rutsche sowie zwei Schaukelplätze. Die L-Form gibt der freistehenden Konstruktion dabei die nötige Stabilität. Ein Heckenversteck aus Weiden, das sich an den lebenden Weidenzaun anschließt und wie ein Tipi geformt werden kann, stellt mit der Ausrichtung des Eingangs einen Bezug zum Kinderhaus her.

3 Dieser Gartenteil erweitert die Rasenfläche für die Kinder und dient gleichzeitig als Nutzgarten, der in Form von Treppenbeeten auf einem kleinen Wall aus Mutterboden angelegt wurde. Daneben steht ein Kompostsilo und ein kleines begrüntes Gartenhaus. Das ablaufende Dachwasser wird in einer Tonne aufgefangen und zum Gießen des Nutzgarten verwendet.

▶ Neu- und Umplanung

Skizze C und D zeigen wieder die verschiedenen Nutzungsmöglichkeiten.

1 Unter dem kleinkronigen Baum, der als Sichtschutz zum Nachbarhaus dient, ist nun ein attraktives Beet angelegt worden.

2 Baut man bei dem Spielgerüst eine Pergola bis auf eine Aussparung für die Rutsche gleich mit, wird die Konstruktion noch stabiler und man kann später auch eine Plattform für ein „Baumhaus" errichten. Das untere Kinderhaus kann erst zum Kaninchenstall und später zum Grillplatz umfunktioniert werden, die Sandgrube wird zum kleinen Teich. Später werden die Weiden auf passende Höhe herunter geschnitten und der Eingang erweitert. Natursteine ersetzen die ramponierte Rasenfläche im Spielbereich und schaffen so einen ebenen trockenen Sitzplatz. Auf der gegenüber liegenden Seite verbinden heimische Stauden und Gräser den Teich mit der Hecke.

3 Der Rasen des hinteren Gartenteils wurde zu einer naturnahen Wiese umgewandelt, in die passende Rasenpfade gemäht werden, um an den Obstbaum, die Beete und die Hütte gelangen zu können.

▶ *Der Garten eines älteren Einfamilienhauses*

Bei diesem Beispiel handelt es sich um ein Siedlungshaus der 50er Jahre, mit großem Nebengebäude und reinem Nutzgarten, der für eine Familie mit zwei eigenen Kindern sowie einigen Tageskindern umgestaltet wurde.

In den nächsten Jahren steht ein Generationenwechsel bei den Hausbesitzverhältnissen an und viele ältere Häuser wandern in neue Hände. Diese Häuser müssen oft aufwändig renoviert werden, sie bieten aber den Vorteil meist großer eingewachsener Gärten. Das Nebengebäude diente früher als Werkstatt und sollte diesen Zweck auch weiter erfüllen. Ein großzügiger Spielbereich war bei der Planung Voraussetzung, aber auch die Erwachsenen und die Natur sollten nicht zu kurz kommen. Außerdem wollte man die Arbeiten in Eigenleistung, kostengünstig und unter Vermeidung von Müll ausgeführt. Skizze E zeigt den ehemaligen Gartenbereich. Auf die in Skizze F vorgenommenen Veränderungen soll nun im Weiteren eingegangen werden.

1 *Die alte Pflasterfläche bleibt für Spiele teilweise erhalten, alle eckigen Konturen wurden aber durch Abschrägen der Ränder aufgelöst und das Material konnte für andere Gartenteile wieder verwendet werden. Eine leicht erhöhte Holzterrasse trennt ruhiges von Bewegungsspiel und bindet die große Werkstatt optisch besser in den Garten ein. In dem Kinderhaus vor der Werkstatt können die Kleinen spielen und ihre Spielsachen aufbewahrt werden. Die Fassaden und ein Zaun wurde mit Kletterpflanzen, der andere Zaun mit einer Hecke begrünt.*

2 Der sich anschließende naturnahe Spielplatz bietet Sand-
und Matschgrube, Weidenversteck und Naturmaterialien
sowie ein Baumhaus für die größeren Kinder. Er ist durch
den alten Weg klar von den anderen Gartenteilen abge-
grenzt. Auf der gegenüberliegenden Seite befindet sich ein
Staudengarten, vor der Bank ist ein Teich geplant, wenn die
Kinder groß sind. Der neu gepflanzte Baum schafft einen
Bezug zu den anderen Bäumen und spendet Schatten. Daran angrenzend wurde ein kleiner Biotopgarten mit Wiese,
Stein- und Totholzhaufen und einer Hecke geschaffen, der
für Kinder ideale Beobachtungsmöglichkeiten von Tieren
und Pflanzen bietet. Das flache Wasserbecken dient als
Vogeltränke und markiert den Platz für eine später zu
realisierende Schwengelpumpe.

3 Der Nutzgartenteil mit Beeten, Kompostplatz und
Kräuterspirale sowie eine
extensiv genutzte Obstwiese
wird durch eine Hecke, eine
Schaukelkonstruktion und
liegende Baumstämme vom
Biotopgarten und Spielbe-
reich räumlich getrennt.

Kapitel 4

Detailplanungen von Spielbereichen

▶ Holzbauten

▶ Kreativplätze

▶ Pflanzungen

▶ *Holzbauten*

Spielgeräte aus Holz haben für Kinder einen abenteuerlichen Charakter und fügen sich besonders harmonisch in eine natürliche Umgebung ein. Sie sind leicht zu bauen und vielseitig zu verwenden.

◀ Ein Kombispielgerät vereint viele Spielmöglichkeiten in sich.

■ KOMBISPIELGERÄT

Das Schaukeln ist eine der beliebtesten Spielarten im Garten. Auch Jugendliche schaukeln noch gerne, dabei ein Buch le-

send oder Musik hörend, besonders wenn Sie die Schaukelsitze gegen eine Hängematte tauschen. Aber ein Kombispielgerät bietet noch viel mehr.

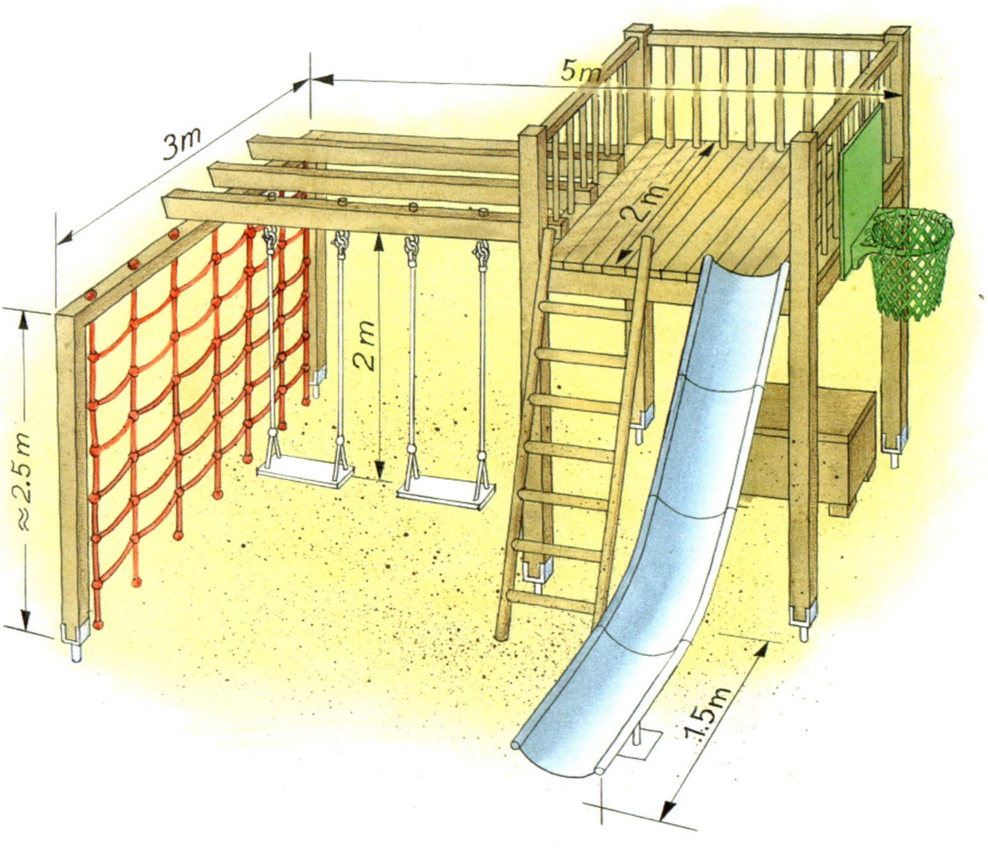

Maße: Bauen Sie auf alle Fälle eine Doppelschaukel, auch wenn Sie nur ein Kind haben. Erstens macht das Schaukeln im Wettbewerb viel mehr Spaß und zweitens ist eine Doppelschaukel wesentlich wandlungsfähiger. Man kann in ihr später eine Hängematte oder Bankschaukel aufhängen und sie so auch noch für Jugendliche und Erwachsene nutzen. Als Breite müssen Sie mindestens 2,5 m, besser 3 m einkalkulieren. Für eine 3 m hohe Schaukel benötigen sie vorne und hinten mindestens 3 m, besser 4 m Platz zum Ausschwingen. Alle weiteren Anbauteile wie ein Podest für eine Rutsche oder ein Baumhaus mit Leiter benötigen zusätzlich etwa 1 m Breite. Eine Rutsche von 1,8 m Höhe ist etwa 3 m lang, sie müssen aber einen Freiraum von weiteren 3 m Durchmesser am Fuß der Rutsche einplanen.

Standort: Da es auf einem Kombispielgerät selten leise zugeht, platziert man es am besten etwas weiter vom Hause entfernt, sein Platzbedarf gibt allerdings meist die Lage vor. Der Untergrund muss einen Fallschutz bieten. Bei Fallhöhen bis 2 m genügt eine Rasenfläche, die sich allerdings meist schnell abnutzt. Der verdichtete Boden kann dann sehr hart werden und es bilden sich Pfützen, weshalb eine etwa 20 cm dicke Sand-, Kies- oder Mulchschicht unter Schaukeln meist praktischer ist.

Material: Holzkonstruktuktionen fügen sich in der Regel am schönsten in einen kindge-

Tipp

■ Schauen Sie sich bei Gartenschauen, Gartenausstellungen und auf Spielplätzen Kombispielgeräte an und lassen Sie Ihre Kinder darauf spielen. Beobachten Sie, wie lange sie sich daran aufhalten und notieren Sie, welche verschiedenen Möglichkeiten das Gerät bietet. Machen Sie Fotos oder Skizzen der Geräte und vergessen Sie nicht, sich auch Details wie die Verankerung im Boden, Verbindungsstellen von Pfosten und Balken und deren Maße aufzuschreiben. Auch Kataloge von Spielgeräteherstellern geben wertvolle Anregungen für eigene Konstruktionen.

rechten Garten ein und sind für den Laien am einfachsten selbst zu errichten oder abzuwandeln. Am besten geeignet ist kesseldruckimprägniertes und für Spielgeräte zugelassenes Holz vom Fachhandel. Es hält mehrere Jahrzehnte, wenn es fachgerecht gebaut wird und sieht auch nach vielen Jahren noch schön aus, wenn es regelmäßig mit einer unbedenklichen Lasur auf Ölbasis geschützt wird.

Man kann fertige Spielgeräte kaufen und erweitern oder abwandeln, muss bei Änderungen aber immer alle statischen Bedingungen berücksichtigen. Es gibt auch Bausätze mit Anbauteilen, die sich variieren lassen. Wollen Sie eine maßgeschneiderte Lösung aus Konstruktionshölzern selbst entwerfen, sollten Sie Ihren Plan vor dem Bau von einem Zimmermann überprüfen lassen. Er sagt Ihnen auch, welche Holzstärken, Verbindungteile und Schrauben nötig sind und ob die Konstruktion stabil ist, denn nicht nur statische, sondern auch mechanische Kräfte treten besonders beim Schaukeln auf.

Umwandlung: Man kann aus einem Kombispielgerät später eine Pergola mit zweitem Sitzplatz machen, das Gerüst als

Tipp

■ Ist für später eine mit dem Rasen bündige Pflasterfläche geplant, müssen Sie die Höhe der Steine (in der Regel 6cm) mit berücksichtigen. Wenn man den Platz schon vorher auskoffert, etwa 10 cm hoch mit Schotter oder Kies füllt, darauf ein Vlies legt und dann einen Fallschutz aus Sand, Kies oder Rindenmulch von 15 bis 20 cm Dicke aufbringt, kann man später die Schotterschicht erhöhen, Splitt aufbringen (etwa 5 cm) und pflastern.

▼ Spielen die Kinder in dem Häuschen unter dem Klettergerüst nicht mehr, können darin auch Gartengeräte Platz finden.

Ständerwerk für ein Gartenhaus nutzen oder es mit Kletterpflanzen beranken lassen. Die spätere Nutzung sollte bei der Platzwahl mitbedacht werden, denn das Gerät ist im Boden fest verankert. Auch der künftige Untergrund muss feststehen, bevor man die Fundamente für die Pfostenschuhe gießt. Bedenken Sie, dass die Betonfundamente für die Kinder aus Sicherheitsgründen abgedeckt werden müssen, die Holzpfosten sollten am Fuß aber immer abtrocknen können.

Sicherheit: Zusätzlich zum Sicherheitsabstand und Fallschutz dürfen keine Splitter am Holz hervorstehen und keine Ketten verwendet werden, in denen die kleinen Finger stecken bleiben können. Außerdem sollten die Schaukelsitze rutschfest und ohne scharfe Kanten sein.

Für kleinere Kinder ist das Klettern auf der Sprossenleiter noch zu gefährlich. Entfernt man die untersten Sprossen, können nur noch die Großen das Klettergerüst erklimmen. Weiterhin sollte sich der Schaukelbereich nicht zu nah beim Spielbereich der Kleinkinder befinden, um ein Hineinlaufen in den Schaukelbereich zu vermeiden.

■ SCHAUKELGERÜST

Fehlt der Platz für ein Kombispielgerät, kann auch ein einfaches Schaukelgerüst viel Freude bereiten – vor allem, wenn es mehrfach nutzbar und je nach Ansprüchen umwandelbar ist.

■ BAUMHAUS

Die pädagogische und gesundheitliche Bedeutung des Kletterns liegt in der Vielfalt der Erfahrungsmöglichkeiten und in seiner Gesamtkörperbewegung. Sich selbst einzuschätzen und Gefahrensituationen zu bewältigen, sind wichtige Erfahrungen. Alle Sinne und Muskeln werden zum Klettern ebenso benötigt wie vorausschauendes Denken und Handeln.

Maße: Die Grundfläche eines Baumhauses hängt von der Zahl der Kinder ab, die es benutzen, aber zwei sollten sitzend genügend Platz darin haben. Eine Grundfläche von 2 x 2 m erlaubt auch das Spielen im Liegen oder sogar gelegentliches Übernachten. Die Höhe richtet sich nach den Gegebenheiten, sollte aber 1,5 m nicht unter- und 3 m nicht überschreiten. Sie wird entweder durch eine geeignete Astgabel, die Höhe des Kombigerätes oder die künftige Nutzung vorgegeben. Für die Leiter

1 Das Schaukelgerüst fügt sich in den naturnahen Garten ein. Damit es nicht immer Streit um die Schaukelplätze geben soll, wurde der Schaukelbalken weiter gespannt als vorgesehen. So entstanden drei Schaukelplätze, die nicht von drei Erwachsenen gleichzeitig besetzt werden dürfen. Wichtig ist vor allem, dass der Schaukelbalken genügend Querschnitt bietet. Unter dem Klettergerüst wurde ein Dielenboden montiert, auf dem die Kinder sitzend spielen können.

2 Der Schaukelbalken wurde wieder verkürzt, da die größer gewordenen Kinder eine höhere statische und dynamische Belastung bedeuten. Die rechte Schaukelstütze musste dazu aus- und etwa 60 cm daneben wieder neu eingegraben werden. Dabei stellte sich heraus, dass die Pfosten trotz des direkten Erdkontaktes keinen Schaden genommen haben.

3 Das Schaukelgerüst wird von den Gartenbewohnern immer noch benutzt, denn auch Jugendliche Klettern und Schaukeln gern. Hängt man die Schaukeln ab, kann eine Hängematte oder eine hölzerne Hollywoodschaukel angebracht werden. Das Spielhäuschen kann zur Hundehütte, zum Kaninchenstall oder zum Schuppen werden.

▲ Das Bauen eines Baumhauses macht Eltern und Kindern Spaß.

müssen Sie weiteren Platz einplanen, da eine schräg angestellte Leiter besser zu erklettern ist als eine senkrechte. Soll das Baumhaus ein festes Dach bekommen, müssen Sie einen Dachüberstand von mindestens 30 cm an allen Seiten einkalkukieren.

Standort: Für ein Baumhaus eignet sich ein großer alter Baum in einer abgelegenen Gartenecke am besten. Ist kein geeigneter Baum vorhanden, kann sich das Baumhaus auf dem Kombispielgerät befinden oder Sie bauen einen freistehenden Hochstand in die Hecke nach Art der Jäger. Darunter sollte sich am besten ein weicher Boden, eine aufgeschüttete Mulchdecke oder weicher Rasen als Fallschutz befinden.

TiPP

■ Als Vorbild für ein freistehendes Baumhaus können die Hochstände der Jäger dienen. Sie sind meist aus ungeschälten Fichtenstämmen zusammen genagelt oder geschraubt und an einen Baum gelehnt. Es gibt sie aber auch freistehend, mit oder ohne Dach.

Material: Soll das Baumhaus auch später noch genutzt werden, eignet sich auch hier kesseldruckimprägniertes oder langlebiges Naturholz. Ist dies nicht geplant, sind ungeschälte Fichtenstämme für das Ständerwerk und Schwartenbretter für das Geländer völlig ausreichend. Für die Leiter und den Boden sollte man jedoch harzfreies Holz verwenden, da sich Baumharz nur schwer von Händen und Kleidung löst. Eine alte Holzleiter, wie sie zum Pflücken von Obst verwendet wird, stabile Paletten, Reste der Dielen von der Holzterrasse, Zaunreste – tragen Sie erst alle vorhandenen Materialien zusammen, bevor Sie planen und sich auf Maße festlegen, die das Kaufen von neuem Holz bedingen.

Ein festes Dach kann aus Nut- und Federbrettern gebaut und mit Dachpappe abgedeckt werden. Es ist allerdings sehr schwer und in einen vorhandenen Baum nur mit großem Aufwand einzupassen. Hier ist ein Sonnensegel aus Markisenstoff, der auch einen Schauer aushält, weniger aufwändig. Es kann in jeder Form ausgeschnitten und mit mehreren, nicht rostenden (!) Ösen versehen werden. In den Baum oder an die Eckpfosten mit Seilen aufgehängt, bietet es Schutz und Geborgenheit. Im Herbst wird das Segel abgehängt, gereinigt und drinnen trocken aufbewahrt.

Umwandlung: Sind die Kinder groß, kann der Platz unter dem Baumhaus auch als Schuppen etwa für langstielige Geräte, als Lagerplatz für Bohnenstangen oder Brennholz verwendet werden. Man kann die Ständerkonstruktion verbrettern und erhält so eine praktische Gartenhütte, deren Dach man nur noch von oben dichten muss.

Sicherheit: Die statische Sicherheit ist eine Selbstverständlichkeit und muss, besonders bei Verwendung von frischem Holz, immer wieder überprüft werden, da das Holz schrumpft und Risse bildet, wodurch sich die Verbindungsschrauben lockern können. Wird der Hochsitz in einen Baum gebaut, muss dieser regelmäßig kontrolliert werden. Sind alle Äste bruchsicher? Scheuert die Konstruktion auch nicht an der Rinde? Und nicht zuletzt müssen die eigenen abenteuerlichen Konstruktionen der Kinder auf ihre Statik überprüft werden, faulende Stricke erneuert und herausstehende Nägel gezogen werden.

Jeder freistehende Hochsitz braucht außerdem ein Geländer. Dieses muss recht stabil mit dem Podestboden verschraubt werden. Eine Höhe von 75 cm ist für Kinder in der Regel ausreichend.

▲ Eine einfache Plattform als Baumhaus.

▼ Mit Geländer und Dach wird diese Konstruktion noch vielseitiger.

▶ *Kreativplätze*

Für Kinder ist es von großer Wichtigkeit, sich ab und zu dreckig machen zu dürfen und der Fantasie freien Lauf zu lassen. Bei gut geplanten Kreativplätzen sind Sand und Wasser elementare Bestandteile und somit für Kinder die idealen Spielpätze.

Sand

- Das Schönste für Kinder ist Sand.
- Er rinnt immer reichlich,
- Unvergleichlich, zärtlich durch die Hand.
- Weil man seine Nase behält,
- Wenn man auf ihn fällt,
- Ist er so weich.
- Kinderhände fühlen,
- Wenn sie in ihm wühlen,
- Gott und das Himmelreich.

▲ Ein Sandplatz zum Graben, Bauen und Matschen.

■ SANDGRUBE MIT RUTSCHE

Maße: Sandgruben, für nur zwei bis drei Kinder, sind mit 3 bis 4 m² ausreichend groß. Tummeln sich in ihr mehrere Kinder oder endet gar eine Rutsche darin, sollte sie wesentlich größer und in einen Fall- sowie einen Spielbereich untergliedert sein.

Die Tiefe der Grube ist von der Bodenbeschaffenheit abhängig. Haben Sie einen leichten, sandigen und durchlässigen Boden, reichen etwa 40 cm Tiefe beziehungsweise Sandauflage. Bei schweren und steinigen Böden, muss man etwa 30 cm tiefer Ausheben und eine Schicht Schotter aufbringen, damit sich in der Grube kein Stauwasser bildet. Ein Dränagevlies über der Schotterpackung verhindert, dass der Sand zwischen den Steinen verschwindet. Die Wände einer Sandgrube brauchen nicht abgestützt oder ein-

gefasst zu werden, wenn die Neigung 30% nicht übersteigt. Eine unregelmäßige Form mit verschieden steilen Wänden regt die Fantasie der Kinder mehr an und passt besser in einen naturnahen Garten.

Standort: Die Sandgrube sollte, zumindest am Nachmittag, in der Sonne liegen. Ein in den Sand gesteckter Sonnenschirm bietet ebenso Schutz, wie eine Beflanzung am Rand der Grube, die für natürlichen lichten Schatten sorgt. Verwenden Sie Pflanzen, die unempfindlich gegen Abknicken sind und immer wieder neu austreiben, denn oberirdische Pflanzenteile werden gern als zusätzliches Spielmaterial verwendet.

Material: Für die Befüllung eignet sich gewaschener handelsüblicher Spielsand. Bausand klebt zwar besser, färbt aber auch die Kleidung.

Bei der Bepflanzung sind Arten mit zartem Laub, die schnell abtrocknen, nur wenig Laub verlieren und deren Blätter nach dem Fall vom Wind verweht werden, wie beispielsweise Weiden und Birken, zu bevorzugen. Aber auch Gräser, wie das Rohrpfeifengras (*Molinia arundi-nacea*) oder das Chinaschilf (*Miscanthus sinensis*), deren Blätter im Winter einen schönen Anblick bieten, rahmen eine Sandgrube ein. Die Korb-Weide (*Salix viminalis*), die Graue Weide (*Salix cinerea)* und die Purpur-Weide (*Salix purpurea*) bieten Spielmaterial, treiben immer wieder neu aus und können alle paar Jahre bis auf den Stock geschnitten werden.

Für eine Einfassung kann man Palisaden aus Holz verwenden, die preiswert sind und gerade so lange halten, wie die Kinder im Sand spielen. Aber auch liegende Baumstämme, große Findlinge oder eine Trockenmauer sind geeignet. Wählen Sie das Material danach aus, was Sie mit der Sandgrube später vorhaben.

Umwandlung: Verwandeln Sie die Sandgrube in einen kleinen Teich oder in einen vertieften Sitzplatz! Den überflüssigen Sand können Sie als Unterlage für die Teichfolie oder zum Pflastern verwenden. Man kann mit dem restlichen Sand auch feuchte Stellen im Rasen abmagern.

Sicherheit: Wie bei allen Bauten sollten Sie herausstehende Nägel und Schrauben vermei-

den. Wird die Sandgrube als Fallgrube am Fuß einer Rutsche verwendet, sollten Sie auf eine Einfassung verzichten oder die Grube so großzügig bemessen, dass auf keinen Fall Kinder auf die Einfassung fallen können. Die Fallgrube eignet sich auch nicht zum Spielen, so dass eine deutliche Untergliederung in Spiel- und Fallzone erfolgen sollte. Rutschenfundamente müssen sich unter dem Rutschblech befinden, die Rutsche muss regelmäßig auf Standsicherheit überprüft werden.

▼ Aufbau einer Sandgrube mit Maßangben.

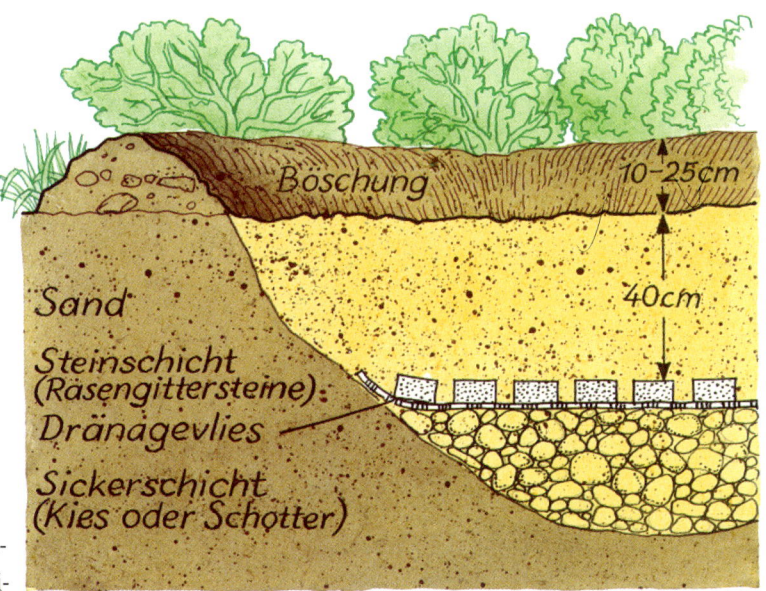

■ WASSERSPIELANLAGE AM GARTENHAUS

Wasser übt eine enorme Faszination auf Kinder aus. Im Sommer macht es ihnen eine große Freude, am und in dem kühlenden Nass zu spielen. Da können kleine, selbst gebastelte Boote zu Wasser gelassen werden und es gibt viele Pflanzen und auch Tiere zu beobachten – je nach Jahreszeit andere. Nicht schon im ersten Jahr, aber recht bald werden die ersten Libellen ihre Kreise ziehen, Käfer im Wasser paddeln und vielleicht findet sich sogar eine Kröte ein, die mit ihren Quakkonzerten die Kinder begeistert.

Teiche, Wasserbecken und auch die offen Regentonne stellen aber auch eine große Gefahr für kleine Kinder dar. Kleine Wasserläufe und Wasserspiele, die ohne ein offenes Reservoir auskommen, sind dagegen relativ ungefährlich und bieten eine große Fülle an Spielmöglichkeiten, die sich nicht nur auf das Wasser beschränken, sondern auch andere Spielmöglichkeiten erschließen.

Maße: Es ist schwierig, Maße für die Vielzahl von Wasserspielanlagen, die man sich ausdenken kann, anzugeben. Auch hier hängt die Größe ganz ent-

▲▼ Wasser fasziniert Kinder – gestern wie heute.

scheidend von der Anzahl der Kinder und der späteren Nutzung ab.

Standort: In dem Beispiel, das wir Ihnen auf der nächsten Seite vorstellen, liegt die Wasserspielanlage vor einem Gartenhaus in der Sonne. Es gibt aber eine Vielzahl von Möglichkeiten, die sich jedoch alle an Ihren baulichen Gegebenheiten orientieren müssen. Je natürlicher sich die Anlage in Ihren Garten einfügt, desto gelungener ist sie. Allerdings ist die Nähe zum Haus oder einem Nebengebäude sowohl bei einer Versorgung mit Leitungswasser, als auch bei der umweltfreundlicheren Alternative – die mit Regenwasser betrieben wird – fast zwangsläufig gegeben. Da es bei Spielen mit Wasser unter den Kindern immer etwas wilder zugeht, müssen Sie den Standort genau bedenken.

Material: Brunnen und Tröge aus Holz sehen wahrscheinlich am schönsten aus, aber auch Stein-, Kunststein- oder Kunststoffbecken sind zweckmäßig und pflegeleicht. Künstliche Bachläufe sollten besser betoniert statt mit Folie ausgelegt werden, da diese leicht durch spitze Gegenstände beschädigt werden kann und rutschig durch Algenbelag wird. Tonabdichtungen sind in der Regel zu empfindlich und das Wasser wird beim Spielen trübe.

Umwandlung: Da die Anschaffung beziehungsweise der Bau einer Wasserspielanlage recht teuer ist, sollten Sie die spätere Verwendung gut bedenken und zur Gestaltungsvorgabe machen.

Sicherheit: Leben Kinder unter sieben Jahren in Ihrem Haushalt, dann muss auf Tröge und Becken verzichtet werden. Selbst eine kleine Regentonne kann schon zur Todesfalle werden, wenn die kleinen Kinder das Gleichgewicht verlieren und hineinfallen. Sie schaffen es nämlich meist nicht, sich mit eigner Kraft aus diesem Wassertrog zu befreien. Flache Schalen und Bachläufe sind dagegen ungefährlich und machen auch kleinen Kindern viel Spaß.

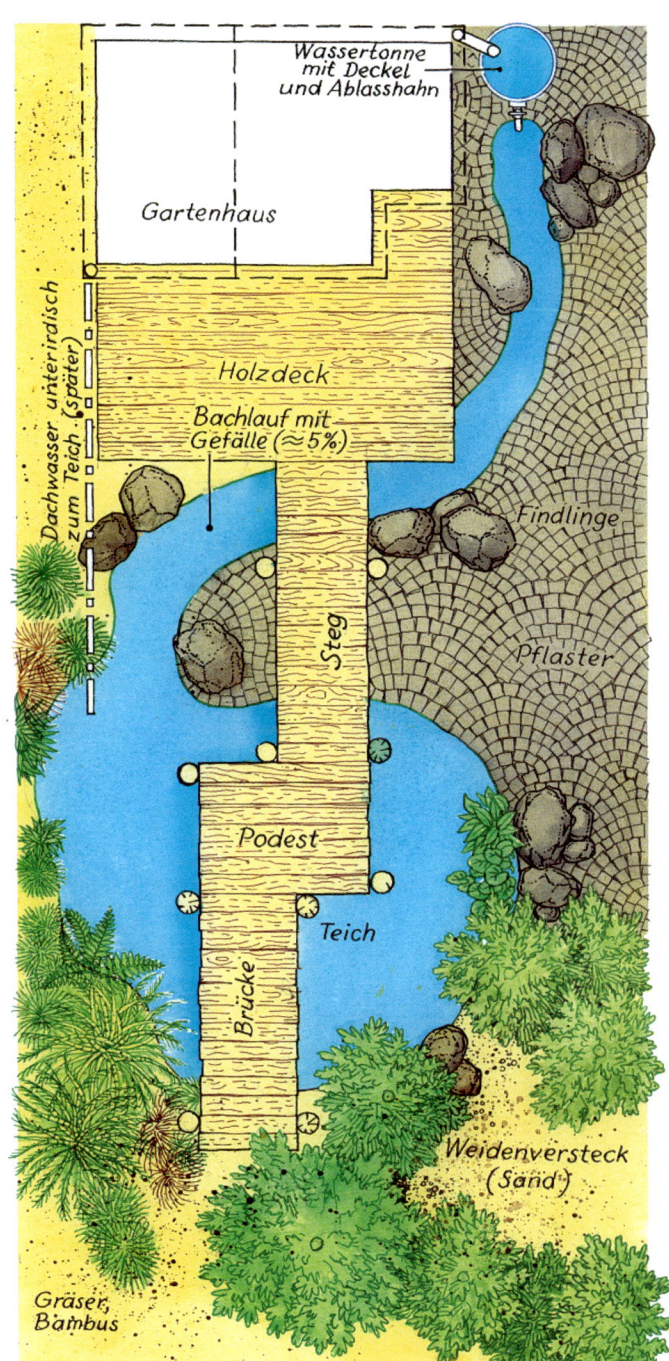

▲ Diese Hangrutsche ist gleichzeitig ein Abenteuerspielplatz.

■ HANGRUTSCHE UND KLETTERHANG

Hänge und Hügel laden zum Klettern und Rutschen ein. Sind sie begrünt, entstehen Geheimgänge, Höhlen und Tunnel, Welten, in die sich Erwachsene recht selten verirren. Grüne Wälle schirmen aber auch einen Garten zur Straße ab, mindern Lärm und Staub, untergliedern den Garten, vergrößern seine Oberfläche und schaffen neue Lebensräume.

Maße: Die Breite eines Hügels oder eines Walls wird durch seine Höhe bestimmt, da der Böschungswinkel nicht steiler als 30 Grad sein sollte. Ein Wall von 1 m Höhe und einer Breite der abgeflachten Kuppe von 1 m (die man zum Bepflanzen mit Sträuchern braucht), benötigt demnach eine Basisbreite von etwa 2,75 m. Wälle, die sich zur Straße hin orientieren, können mit etwa 2/3 der Breite auskom-

men, wenn man sie straßenseitig mit Palisaden oder einer Mauer abstützt. Soll der geplante Hügel mit einer Rutsche bestückt werden, dann kaufen Sie diese am besten zuerst und richten die Maße des Hügels an der Rutsche aus. Sollte Ihnen der Hügel zu hoch geraten, können Sie die Rutsche auch in einer Grube enden lassen. Die Fundamente betonieren Sie zuerst in den gewachsenen Boden ein, erst danach wird der Hügel aufgeschüttet und verdichtet.

Standort: Für kleinere Gärten bieten sich Ecken oder der Rand des Grundstücks an, bei langen schmalen Grundstücken kann man auch einen Gartenraum mit einem kleinen Wall abgrenzen. Ist das Gelände hangig, dann sollten Sie auf alle Fälle eine natürliche Böschung oder einen sich durch den Hausbau ergebenden Höhenunterschied nutzen.

Material: Ein Hügel oder Wall wird aus Rohboden ohne große Steine aufgeschüttet und alle 50 cm gut verdichtet. Die obersten 20 cm vom Hügel oder Wall werden an denjenigen Stellen mit Mutterboden abgedeckt, die einen Rasen (am besten Rollrasen) als Oberflächenbedeckung erhalten sollen. Allerdings soll-

---

Wieviel Erde wird benötigt?

Die Menge des benötigten Materials für

■ einen kreisrunden Hügel berechnet man nach folgender Näherungsformel (in m): Höhe des Hügels x (1/2 Durchmesser der Grundfläche) ins Quadrat.

■ einen Wall mit gleichen Böschungswinkeln berechnet man näherungsweise (in m): Halbe Breite x Höhe x Länge des Walls.

ten Sie bedenken, dass Rasen zum Vertrocknen neigt und am Hang nur schwer gemäht werden kann.

Besser bepflanzt man die Böschung allerdings mit trockenresistenten Gehölzen und Stauden.

Umwandlung: Einen Spielhügel oder Wall wird man nicht mehr abtragen wollen, so dass nur die Entfernung der Rutsche und der Rückschnitt einiger Pflanzen anstehen. Verdichteter Boden kann mit der Spitzhacke wieder gelockert werden, kahle Stellen werden neu bepflanzt. Man kann eine Nische in den Wall einlassen und ihn mit Palisaden abgrenzen. Daraus kann dann später ein geschützter Sitzplatz werden. Auch auf der Hügelkrone lässt sich ein erhöhter Sitzplatz einrichten. Die Treppe dort hin sollte man in einer großzügigen Windung umlaufen lassen. Mit duftenden Pflanzen eingerahmt macht sie den Aufstieg zum Erlebnis.

Sicherheit: Für Hügel bis 2 m Höhe benötigen Sie keinen Fallschutz, da die Kinder gerne hinunter kullern. Allerdings muss am Fuße des Hügels weicher Untergrund vorhanden sein. Da sich hier auch leicht Pfützen bilden, sollte man einen etwa

---

TiPP

■ Für eine Begrünung mit Zwerggehölzen und/oder Stauden benötigt man etwa zwei Pflanzen pro m² Hügeloberfläche, mit Sträuchern etwa eine Pflanze pro m² Hügeloberfläche, die nach folgender Näherungsformel berechnet wird: Länge der Hügelflanke x 1,5-facher Hügeldurchmesser.

---

30 cm tiefen und 1m breiten ringförmigen Graben etwa 15 cm hoch mit Kies füllen, mit einem Vlies abdecken und darauf 20 cm Sand oder Rindenmulch füllen. Eine Fallgrube für die Rutsche muss noch tiefer ausgekoffert und höher mit weichem Material aufgefüllt werden.

Achten Sie darauf, dass die Steine alle sicher eingebaut sind, bei Holztreppen dürfen keine Nägel oder Schrauben hervor stehen. Rutschenfundamente müssen bis in den gewachsenen Boden reichen. Dafür eignen sich Plastik oder Betonrohre, die mit Beton verfüllt werden, bevor man den Hügel aufschüttet. Kontrollieren Sie regelmäßig, dass diese nicht aus der Erde herausschauen und die Rutsche fest steht.

▼ Der Spielhügel wird später zum Aussichtsplatz.

▶ Pflanzungen

Grüne Häuschen oder Hecken mit Verstecken vermitteln Geborgenheit und Naturerlebnis zugleich. Sie sind hübsch anzusehen und kostengünstiger als fertige Holzhäuser. Sie fordern die Fantasie der Kinder und lassen sie den Wechsel der Jahreszeiten spüren. Bei der Pflege können Kinder mithelfen und handwerkliche Fertigkeiten entwickeln.

▲ Ein Weidentipi passt sich hervorragend einer natürlichen Umgebung an.

▼ So sieht ein Weideniglu aus.

■ LEBENDES WEIDENHAUS

Nachwachsendes Naturmaterial macht Weidenhäuschen zu einer unerschöpflichen Quelle neuer Bastelarbeiten. Da es etwa ein Jahr dauert, bis ein Weidenhäuschen einigermaßen dicht und grün ist, bietet sich sein Bau schon kurz nach der Geburt des Kindes an, in Abwandlung des alten Brauchs, einen Obstbaum zu pflanzen. Allerdings kann man lebende Weidenhäuschen nur im zeitigen Frühjahr bauen, das Material dazu muss im Winter geschnitten und in der Zwischenzeit kühl, feucht und frostfrei gelagert werden.

Maße: Besonders beliebt sind seit einigen Jahren Weidentipis, den Indianerzelten nach empfundene lebende Bauten, die aus unbewurzelten Weidenruten gebaut werden. Einen größeren Innenraum als Tipis bieten Weidenbauten mit Kuppeldach (Iglu), allerdings sind sie auch schwieriger herzustellen. Man kann sich die Technik aber von Fachleuten, die auch Bezugsquellen von Weidenruten kennen, auf Seminaren zeigen lassen oder aus Büchern und Broschüren erlernen. Die Größe des Tipis oder Iglus richtet sich nach der Länge der zur Verfügung stehenden Weidenruten. Diese müssen mindestens 3 m lang sein, um ein Häuschen von etwa 1,5 m mittlerer Innenhöhe und einem Durchmesser von etwa 2,5 m zu erhalten, da die Zweige etwa 60 cm tief im Boden stecken müssen, um genügend Wurzeln bilden zu können. Wollen Sie das Weidenhäuschen später anders nutzen, sollten Sie es auf alle Fälle größer bauen. Planen Sie für mehrere Kinder und für eine

1,50

40

min. 2.50

spätere Nutzung als Sitzplatz für zwei Erwachsene lieber einen Durchmesser von 3 m bei einer mittleren Höhe von etwa 2 m ein.

Standort: Lebende Weidenbauten werden auf einem ebenen Geländeabschnitt in sonniger freier Lage gebaut. Es dürfen keine Gehölze in der Nähe sein, die den Weiden das Wasser wegnehmen oder Schatten werfen. Ist es an der vorgesehenen Stelle zu trocken, lohnt sich die Anschaffung eines gelochten Gartenschlauchs, den man im ersten Jahr auf den Pflanzgraben legt, denn der Wasserbedarf der Weiden ist am Anfang sehr hoch. Dazu muss ein Wasserhahn in der Nähe sein. Ein Weidentipi neben der Sand- und Matschgrube hat den Vorteil, dass die Weiden vom Wasserverbrauch der Kinder profitieren und gleichzeitig den Platz trocken halten.

Material: Für den Bau von lebenden Weidenhäuschen, -tunneln und -zäunen eignen sich nicht alle Weidenarten. Da sie schwer zu bestimmen sind, kann man sich an die grobe Regel halten, dass alle Weidenarten mit rundlichen Blättern, z. B. Salweide (*Salix caprea*) und Ohrweide (*Salix aurita*), unge-

> ## TiPP
>
> ■ Bauwerke aus bewurzelten Steckhölzern benötigen zwei bis drei Jahre Entwicklungszeit, bis der Neuaustrieb lang genug für einen Kuppelbau ist. Man pflanzt sie in einen vorbereiteten Graben in etwa 30 cm Abstand und schneidet alle Triebe bis auf den längsten ab. Zur Stabilisierung der anfangs zarten Pflänzchen kann man wie beim Weidentipi bzw. wie bei einem Weidenzaun waagerecht einen Ring aus Hasel- oder Weidenruten einflechten. Sind die Pflanzen größer geworden, wiederholt man den Vorgang ein "Stockwerk" höher.

eignet sind. Weidenruten von Korb-, Hanf-, Kopf- und Bruchweide werden im Winter bei Pflegemaßnahmen geschnitten und bis März kühl und feucht gelagert. Bezugsquellen kann man über die Grünflächenämter, Naturschutzbehörden, Naturschutz- und Landschaftspflegeverbände erfragen.

Umwandlung: Lebende Weidenbauten können später als grüne Lauben oder schattige Sitzplätze dienen, wenn sie entsprechend groß gebaut wurden. Sie können nur den Eingangsbereich erweitern, indem Sie die Weiden am Boden abschneiden. Aus dem Tipi kann auch eine geflochtene Hecke für einen kleinen Sitzplatz entstehen, wenn man die Kuppel abschneidet. Es kann auch ein Überwinterungsquartier für Igel oder ein schöner Brutplatz für Vögel daraus werden.

Sicherheit: Verwenden Sie keinen Draht, sondern nur Paketschnur, gehen von einem lebenden Weidenhäuschen keinerlei Gefahren aus. Den Innenraum kann man mit Rindenmulch abdecken, bei feuchtem Boden kann man auch Holzroste oder -fliesen hinein legen oder man gibt den Kindern jedes Frühjahr frisches Heu oder Stroh.

Weidentipi Schritt für Schritt

Bauwerke aus unbewurzelten Weidenruten vom Kopf-weidenschnitt sind seit einigen Jahren besonders beliebt.

Um sich aus unbewurzelten Weidenruten ein richtiges Indianerhaus, ein Tipi zu bauen, machen Sie sich im Winter auf den Weg, um die geeigneten Weiden zu schneiden, wie zum Beispiel Silber-Weide (*Salix alba*), Dotter-Weide (*Salix alba* subsp. *vitellina*), Korb-Weide (*Salix viminalis*), Lorbeer-Weide (*Salix pentandra*), Mandel-Weide (*Salix triandra*), Purpur-Weide (*Salix purpurea*) und die Spitz-blättrige Weide (*Salix acutifolia*). Oder Sie halten sich an die einfache Regel: Alle Weiden-Arten mit rundlichen Blättern sind ungeeignet.

Bis zum März werden die Kopfweidenschnitte kühl und feucht gelagert und danach so bearbeitet, wie es in der nebenstehenden Vorgehensweise beschrieben wird. Beachten Sie dabei, dass die Länge der Gerüst bildenden dicken Weidenruten 2,5 m nicht unterschreiten sollten, da sie ja schräg zusammenlaufen, zu einem Viertel in der Erde stecken und an der Spitze noch zum Tipi zusammengebunden werden.

Im ersten Halbjahr werden die Weidenbauten gewässert, lange Spitzentriebe entfernt und neue Triebe eingeflochten. Dazu muss man wissen, dass jeder waagerecht gebogene Trieb neue senkrechte Seitentriebe bildet, die bei ausreichender Länge wieder waagerecht eingeflochten werden und das Bauwerk somit immer dichter machen.

Das benötigen Sie

Für den Bau eines Weidentipis von 2,5 m Durchmesser und 1,5 m Innenhöhe:

- 12 – 15 Gerüststangen von ca. 2,5m Länge und etwa 2 cm Durchmesser am dicken Ende (verwenden Sie frisch geschnittene Ruten der oben erwähnten Arten, die grün austreiben. Saalweiden- oder Haselruten treiben dagegen nicht aus und übernehmen nur statische Funktion)
- Etwa 40 – 60 Weidenruten von 1,5 – 2 m Länge
- Ein 1 m langes dickes Hanf- pder Kokosseil
- Etwa 5 m dünne Paketschnur
- 80 – 400 l Kompost (je nach Bodenbeschaffenheit)
- 1 – 2 kg Hornspäne

Werkzeug:

- Spaten, evt. Spitzhacke
- Eisenstange, Locheisen, oder Handerdbohrer (zum Vorbohren der Löcher)
- Schwerer Hammer oder Vorschlaghammer
- Rundholz oder Ähnliches zum Feststampfen der Erde
- Haushaltsschere
- Astschere
- Wasseranschluss, Gartenschlauch

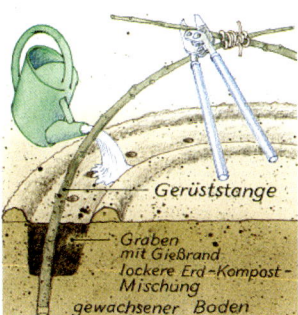

1. Gerüststangen
2. Ruten in einer Richtung diagonal einflechten
3. Ruten in entgegengesetzter Richtung einflechten
4. Kordel um Kreuzungspunkte verknoten

Gerüststange

Graben
mit Gießrand
lockere Erd-Kompost-
Mischung
gewachsener Boden

1 Vorbereitung und Gerüststangen stecken

Am gewählten Standort markieren Sie die Mitte des Tipis und ziehen mit einer Schnur von 1,25 m Länge, die Sie an einem Pflock befestigt haben, einen Kreis. Ein 40 cm breiter und tiefer Graben wird ausgehoben – nicht am 80 cm breiten Eingangsbereich. Die nach innen weisende Grabenwand wird leicht angeschrägt, die ausgehobene Erde und der Grasboden nicht weggeworfen. Alle Seitentriebe der Gerüststangen werden abgeschnitten. Machen Sie im Pflanzgraben mit einer Eisenstange 30 cm tiefe, leicht schräg nach innen weisende Löcher, stecken Sie die Gerüststangen hinein und binden Sie diese oben zusammen.

2 Graben auffüllen, Ruten stecken, flechten

Die ausgehobene Erde wird mit Kompost und Hornspänen vermischt in den Pflanzgraben geschüttet und um die Gerüststangen leicht verdichtet. Nun steckt man an den Fuß jeder Gerüststange eine Rute mit dem dicken Ende zuerst diagonal in den Pflanzgraben und führt sie im Wechsel vor und hinter den Gerüststangen entlang. Man geht dabei in einer Richtung rund um das Tipi vor. Danach steckt man in der entgegengesetzten Richtung eine weitere Reihe Ruten kreuzweise so an den Fuß der Gerüststangen, dass diese im Wechsel vor und hinter der ersten Reihe eingeflochten werden. Achtung: Alle Ruten müssen 40 cm tief im Pflanzgraben stecken, damit sie ausreichend viele Wurzeln bilden können. Die Kreuzungsstellen werden mit kurzen Stücken einer Paketschnur zusammengebunden.

3 Wässern, Flechten, Pflegeschnitt

Ist die Flechtarbeit beendet, schlämmt man den Pflanzgraben gut ein. Wer nicht so viel Zeit zum Wässern hat, der legt einen gelochten Schlauch in den Pflanzgraben und schließt ihn an den Wasserhahn an. Bis zum Herbst muss der Graben ständig nass sein. Im nächsten Sommer kann das Wässern meistens entfallen, dafür müssen die neu gebildeten langen Seitentriebe waagerecht in das bestehende Flechtwerk eingewebt werden. Die sich bildenden langen Triebe an der Spitze des Tipis sollten aber immer wieder eingekürzt werden, da sonst die Bildung von Trieben an der Basis aufhört und das Tipi dann von unten her verkahlt.

◼ SICHTSCHUTZHECKE MIT VERSTECKEN:

Das Aufwachsen mit der Natur fördert die Fähigkeit, Systeme zu begreifen und in Prozessen zu denken. Nur in Verbindung mit sinnlicher Erfahrung kann erworbenes Wissen sinnvoll eingeordnet und angewendet werden. Umgekehrt werfen Naturerfahrungen viele Fragen auf. Warum verlieren Bäume und Sträucher im Herbst ihre Blätter? Was ist passiert mit den Priemeln unter der Hecke, die im April noch zu sehen waren? Wieso können Vögel ohne Anleitung ein Nest bauen?

Eine Sichtschutzhecke ist für Jung und Alt eine Bereicherung, denn sie bietet sowohl Schutz vor Einblicken als auch Möglichkeiten zum Verstecken und Spie-

> **TiPP**
>
> ◼ Eine Lücke von etwa 2 m Durchmesser bietet ein ideales Versteck für Kinder. Dazu braucht man nur einen der geplanten Sträucher wegzulassen oder bei einer bestehenden Hecke zu roden.

len – vorausgesetzt sie ist richtig geplant und angelegt.

Maße: Wer im Garten keinen geeigneten Platz für ein Weidenhäuschen hat, kann eine Hecke so planen, dass sie den Kindern Spielraum und Versteckmöglichkeiten bietet. Dazu können Sträucher auf der ganzen Strecke 3-reihig gepflanzt werden oder man plant sie 1-reihig mit ein oder mehreren 3-reihigen Ausbuchtungen. Man kann aber auch die Ecken des Grundstücks abrunden, in dem man dort Gruppen von Heckensträuchern pflanzt.

Standort: Sonnige Plätze eignen sich besser als sehr schattige, da der Boden dort oft zu nass ist. Man kann aber auch Baumstubben in das Heckenversteck rollen, Holzroste oder -fliesen auslegen oder eine dicke Schicht Rindenmulch auftragen. Ein Standort in der Nähe der übrigen Spielbereiche bezieht das Heckenversteck in die anderen Spiele mit ein. Es wird zum Haus, in das die Sandkuchen geliefert werden oder zur Höhle des Löwen. Auch auf einem Pflanzwall oder Hügel kann ein Heckenversteck entstehen. Hier ist der Boden meist wesentlich trockener und daher für Spiele besser geeignet. Richten Sie den

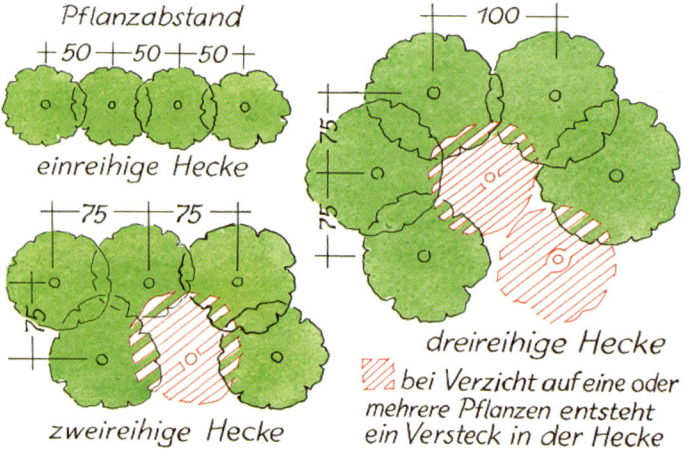

Pflanzabstand
+50+50+50+
einreihige Hecke
+75+75+
zweireihige Hecke

100
75 75
dreireihige Hecke
bei Verzicht auf eine oder mehrere Pflanzen entsteht ein Versteck in der Hecke

Eingang so aus, dass man nicht gleich in das Versteck hineinsehen kann.

Material: Alle großen heimischen Heckensträucher ohne Stacheln und Dornen sind geeignet. Am besten aber solche, die abknickende Zweige und verdichteten Boden im Wurzelbereich nicht übel nehmen, wie Hasel, Weiden, Buchen, Hartriegel und Hainbuchen. Immergrüne Sträucher sollten Sie nicht pflanzen, da es in ihrem Innern zu duster ist, sie giftig sind oder stacheliche Nadeln haben.

Pflege und Umwandlung: Die Pflege der äußeren Hecke ist nicht anders als für die betreffenden Arten empfohlen, Sie müssen nur die Schnitthöhe an das Kinderversteck anpassen, damit es nicht plötzlich ohne Dach dasteht. Die Pflege des Schlupfwinkels sollten Sie den Kindern überlassen. Störende, nach innen weisende Zweige werden von ihnen abgebrochen oder besser noch geschnitten. Der Bodenbelag wird sich je nach Spiel verwandeln. Wenn die Kinder groß geworden sind, können sie den Schlupfwinkel Tieren wie Igel und Zaunkönig überlassen, indem sie darin einen großen Reisig- und Laubhaufen aufschichten. Man kann

aber auch die Öffnung erweitern und einen geschützten Sitzplatz bauen, einen Holzlagerplatz errichten oder eine schöne Skulptur als Blickfang vor die Heckennische stellen. Kletterpflanzen wie Rosen, Geißblatt und Cle-

matis können kahle Stellen verdecken und einen schönen Hintergrund bieten.

Sicherheit: Pflanzen Sie keine giftigen, stacheligen und dornigen Sträucher sowie keine, die spitze Ausläufertriebe bilden. Zeigen Sie ihren Kindern, wie man Zweige, besonders in Augenhöhe stumpf in Astnähe abschneidet, damit man sich nicht verletzen kann. Besonders in Augenhöhe müssen sie sauber abgeschnitten werden.

▲ Hecken bieten Spielmöglichkeiten und Verstecke für Kinder, wenn sie dementsprechend geplant und bepflanzt werden.

■ DEKORATIVES KRÄUTERBEET

Frische Kräuter verleihen jedem Gericht eine besondere und individuelle Note. Waren früher besonders Petersilie und Schnittlauch, Dill und Boretsch aus dem eigenen Garten gebräuchlich, so verlangen unsere modernen Essgewohnheiten nun auch zunehmend nach mediterranen Kräutern für den Gaumen und auch für unser Auge.

Für Kinder stellt das steinige Kräuterbeet ein ganz besonderes Sinneserlebnis dar, denn die Kräuter fühlen sich ganz unterschiedlich an – die feinen Blätter der Zitronenmelisse oder die lockeren Doldenblüten des Dills –, duften intensiv wie der Salbei und locken Schmetterlinge und viele andere interessante Insekten in den Garten. Und ganz nebenbei lernt man noch unter all diesen Eindrücken, dass der „Pizzageruch" vom Wilden Majoran stammt!

Maße: Die Größe eines Kräuterbeetes richtet sich zum Einen nach den räumlichen Gegebenheiten – wie viel Platz kann im Garten für die Kräuter freigehalten werden – und zum Anderen nach dem Bedarf einer Familie und wie sie die Kräuter verwen-

▲ Sinneserfahrung: Riechen.

TiPP

■ Wer auch Minzearten pflanzen möchte, benötigt dazu ein extra Beet in sonniger bis halbschattiger Lage mit humosem feuchten Boden, ohne Dränageschicht, denn außer der korsischen Minze bevorzugen alle anderen Arten einen feuchten und nährstoffreichen Standort. Man kann die Minzearten aber auch am Fuß einer Kräuterspirale in eingegrabene Kunstoffeimer pflanzen, die man mit Abzugslöchern versehen und mit humoser Erde gefüllt hat.

den möchte. Es ist jedoch ratsam, das Beet auf keinen Fall zu klein anzulegen, denn meistens zeigt es sich: Ist man erst einmal auf den Geschmack gekommen, dann möchte man noch diese oder jene Rarität besitzen, ohne deshalb auf andere verzichten zu müssen.

Standort: Alle aus dem Mittelmeerraum stammenden Kräuter benötigen einen recht sonnigen, warmen, mageren und trockenen Standort, damit sie richtig gedeihen können. Die Nähe zu Haus und zur Terasse bietet sich an, weil dort in den meisten Fällen diese Standortvorgaben erfüllt werden, aber auch, weil es durchaus angenehm ist, wenn man schnell von der Küche aus die gewünschten Kräuter pflücken möchte.

Mit einem kreis- und treppenförmigen Kräuterbeet kann man eine Hausecke recht individuell abrunden, mit einem länglichen dagegen eine Stufe zwischen der Terrasse und dem Garten abfangen oder auch eine schön geschwungene Kräuterspirale als dekoratives Element in eine Terrasse einbauen.

Material: Steine sind in der Kombination mit den sonnenhungrigen Kräutern besonders wichtig, da sie die Sonnenwärme des Tages noch bis in die Nachtstunden speichern. Eine Trockenmauer als Begrenzung des Beetes bietet zudem Spalten für Sedum-Arten und Tiere. Der Boden muss mager, wasserdurchlässig und kalkhaltig sein. Um Staunässe zu vermeiden, sollten Sie eine Dränageschicht aus Schotter oder Bauschutt mit einbringen. Eine Mischung aus Sand, Kalksplitt und steriler Erde (man kann auch Rohboden nehmen, allerdings steckt der zumeist voller Pflanzensamen!) zu gleichen Teilen ist eine ideale Substratmischung. Setzen Sie die Pflanzen mit genügend Abstand auseinander und mulchen Sie den Boden mit Kalksplitt und Steinen.

Umwandlung/Pflege: Im Frühjahr werden abgestorbene Pflanzenteile der Kräuter, bei den großen Halbgehölzen wie dem Salbei auch das lebende

---

Geeignete Kräuter

Geeignete Arten für ein Beet von etwa 2 m² sind:

- 1 Breitblättriger Salbei (Salvia officinalis Herrenhausen), 3 Thymian (Thymus x citriodorus, Th. Vulgaris Dt. Auslese, Th. longicaulis u.a.), 1 Rosmarin (Rosmarinus officinalis Rex), 1 Zitronenkraut (Artemisia abrotanum), 1 Französischer Estragon (Artemisia dracunculus), 1 Zitronenmelisse (Melissa officinalis), 1 Oregano (Origanum vulgare).

Weitere Arten, die sich für eine Kräuterspirale eignen:

- Ysop (Hyssopus officinalis), Winterbohnenkraut (Satureja montana ssp. Illyrica), Muskatellersalbei (Salvia sclarea) Borretsch (Borago officinalis)

TiPP

- Man kann Kräuter auch gut einzeln in Töpfen ziehen. Wollen Sie eine neue Art oder Sorte in Ihr Beet aufnehmen, stellen Sie sie erst einen Sommer lang im Topf neben das Kräuterbeet um zu testen, ob sie mit diesem Standort zurecht kommt. Droht Frost, können Sie auch die Pflanze im Topf in die Erde graben, damit der Wurzelballen nicht durchfriert. Wenn sie so den Winter schadlos überstanden hat, kann sie im Frühjahr ins Beet gepflanzt werden.

Holz, stark zurückgeschnitten. Haben Ihnen Ihre Kräuter schon einige Jahre lang Freude bereitet, dann kann mit der Zeit auch eine milde Düngung in Form von etwas reifem Kompost nötig werden. Es ist empfehlenswert, dann auch die Mulchdecke aus Kalksplitt zu erneuern.

Sicherheit: Einige beliebte Heilkräuter können von den Erwachsenen durchaus in großen Mengen und mit Vergnügen verzehrt werden, für Kleinkinder dagegen giftig sein. Um allen Vergiftungsgefahren vorzubeugen, denen sich Kinder aussetzen können, ist es daher sinnvoll, im Kräutergarten auf Arzneipflanzen zu verzichten die gut riechen oder schmecken, solange im Haus noch kleine Kinder leben.

▲ Steine Aufschichten und Kräuterbeete bepflanzen macht müde – aber auch zufrieden.

■ BAU EINER KRÄUTERSPIRALE

Planung: Je nach Familiengröße und Essgewohnheiten kann die Kräuterspirale verschieden groß ausfallen, kleiner als 2 m im Durchmesser sollte sie aber nicht sein. Da Steine das dominierende Gestaltungselement sind, fügt sie sich gut in eine Terrasse ein. Auch nachträglich kann man sie dort bauen, indem man an geeigneter Stelle einige Platten entfernt.

Schritt 1: Markieren Sie zunächst einen Kreis vom Durchmesser der geplanten Kräuterspirale. Bei der Anlage in einer Rasenfläche müssen Sie zusätzlich 1m Platz für einen Weg von 50 cm Breite um die Spirale herum kalkulieren. Entfernen Sie nunTerrassenplatten bzw. Rasensoden und Mutterboden. Dannach muss ein Graben von ungefähr 20 cm Tiefe und 30 cm Breite für den äußeren Ring der Spirale ausgehoben werden, der anschließend mit Kies oder Splitt gefüllt wird. Der Ring kann entweder geschlossen sein oder in Spiralform nach innen verlaufen.

Schritt 1: Die erste Schicht Steine wird jetzt als Trockenmauer aufgesetzt, darauf kommt im Kreuzfugenverband die zweite Schicht. Dabei muss jeder Stein stabil liegen. Kleine Bruchstücke können zum Verkeilen dienen. Ins Innere der Spirale kann nun in Höhe der Steinoberkante eine Mischung aus Mutterboden, Sand und Kalkschotter oder –splitt zu gleichen Teilen gefüllt werden.

Schritt 2: Die endgültige Höhe und deren Verlauf ist abhängig von der Steingröße, Materialmenge und natürlich Ihren eigenen Vorstellungen. Im inneren Ring der Spirale wird der Standort für die Pflanzen immer trockener, vor der inneren nach Süden zeigenden Windung immer wärmer, je höher Sie bauen.

Schritt 3: Beim nach Norden zeigenden Ende wird die Pflanzerde mit Mutterboden angereichert, an der höchsten, nach Süden zeigenden Stelle mit Sand abgemagert. Je nach Pflanzenart kann die Bodenzusammensetzung variiert werden. Stark wuchernde Arten mit abweichen-

---

Minzearten

Einige Minzearten für Minzetee-Liebhaber:
- ■ Krause Minze (Mentha spicata var. Crispa)
- ■ Ananasminze (Mentha suaveolens Variegata)
- ■ Pfefferminze (Mentha x piperita Echt Micham)
- ■ Orangenminze (Mentha x piperita)
- ■ Bowles Apfelminze (Mentha x rotundifolia Bowles)

den Bodenansprüchen, wie beispielsweise Minzearten, können Sie in einem eingegrabenen Gefäß dazustellen.

Schritt 4: Die Pflanzen werden unter Berücksichtigung ihrer Ansprüche und Endgröße im Abstand von 30 – 50 cm eingepflanzt. Ganz anspruchslose, wie Thymian und Tripmadam begnügen sich mit den Spalten zwischen den Steinen. Nach

dem Angießen und Andrücken der Pflanzerde wird eventuell noch etwas Substrat aufgefüllt und dieses mit farblich passendem Splitt etwa 2 cm hoch abgedeckt. Bei großen Kräuterbeeten erleichtern große flache Natursteine als Trittplatten die Pflege.

Sogar Hummelnistkästen können in Kräuterspiralen mit eingebaut werden.

Kapitel 5

Planung der Arbeiten, Kosten und Pflege

▶ Arbeiten organisieren

▶ Kosten ermitteln

▶ Pflegearbeiten einkalkulieren

▶ Spiel- und Aktionstipps

▶ *Arbeiten organisieren*

Nachdem Sie die Planung abgeschlossen haben und wissen was möglich, machbar und sinnvoll ist, steht nun die Planung der Ausführung an. Sie sollten sich überlegen: Was kann ich selbst machen? Wann und wozu brauche ich Hilfe?

Für diesen Schritt ist es hilfreich, die einzelnen Gartenteile mit Nummern oder Namen zu versehen. Auf einer Liste können diese Bereiche der Priorität ihrer Ausführung nach geordnet werden. In verschiedenen Spalten können Größe der Fläche, Materialbedarf, Arbeitsschritte, Anzahl benötigter Helfer, geschätzte Kosten und günstigste Jahreszeit für die Ausführung der Arbeiten eingetragen werden. Sinnvolle Verknüpfungen von Arbeiten an verschiedenen Gartenteilen können mit farbigen Linien dargestellt werden, wie beispielsweise der Aushub für die Sandgrube und die Aufschüttung eines kleinen Walls.

Dass alles benötigte Material und Werkzeug zur Verfügung steht, wenn Freunde und Verwandte zum Helfen anrücken, ist ebenso selbstverständlich wie das Bereitstellen einer zünftigen Mahlzeit für die Helfer und Helferinnen. Auf diese Weise kann man viel Geld sparen und zudem macht das gemeinsame Arbeiten auch noch Spaß. Wer sich mit der Planung und Bauleitung überfordert fühlt, kann sich aber auch nach einem Landschaftsgärtner oder Gartenarchitekten umsehen, der

Beispiel einer Planung mit Anmerkungen

Geplante Arbeiten	Ausführende	Wann?	Ca.- Kosten in DM	Bemerkungen
Zaun errichten	mit Nachbar	Winter	–	Modell gemeinsam aussuchen
Zaun begrünen	mit Kindern	März	500.–	mit Nachbarin absprechen
Holzterrasse bauen	mit Opa	März	2000.–	Reste für Sandgrube nutzen
Sandgrube ausheben	selbst	sofort	300.–	Aushub ergibt Wall bei Straße
Klettergerüst bauen	mit Opa	März	600.–	Fundamente vorher machen!
Wall bepflanzen	selbst	Herbst	500.–	vorher Unkraut entfernen!
Rasen einsäen	selbst	Mai	500.–	Fräse ausleihen

Grobe Kostenschätzung

Einzelpreisen mit Material, an Beispielen für Flächen von 20 bis 100 m²

A Wassergebundene Decke (Platz oder Weg) herstellen
(incl. Material, Preis pro m², incl. 16% MWSt.)

	Leichte Böden	schwere Böden
Erdaushub 20 cm tief, Material wird seitlich gelagert	10,00 DM	13,00 DM
Untergrund verdichten	2,00 DM	2,00 DM
Schotter 0/32, 18 cm hoch einbauen u. verdichten	22,00 DM	22,00 DM
Kies auftragen und abwalzen	8,00 DM	8,00 DM
Einfassung (eine Reihe Natursteinpflaster in Magerbeton)	60,00 DM (pro laufendem Meter)	

B Spielrasen herstellen
(incl. Material, Preis pro m², incl. 16% MWSt.)

	Leichte Böden	schwere Böden
Bodenlockerung (Fräsen)	0,70 DM	1,00 DM
Zuschlagstoffe einarbeiten	ca. 20 l Humus/m²	ca. 50 l Sand/m²
	2,50 DM	4,00 DM
Feinplanum per Hand herstellen	2,00 DM	3,00 DM
Einsaat einarbeiten u. abwalzen	2,20 DM	3,20 DM

C Bepflanzung
(incl. Material, incl. 16% MWSt.)

	Leichte Böden	schwere Böden
Bodenlockerung (Fräsen)	0,70 DM	1,00 DM
Zuschlagstoffe einarbeiten	ca. 20 l Humus/m²	ca. 50 l Sand/m²
	2,50 DM	4,00 DM
Stauden (5 Stück/m²) liefern, auslegen, einpflanzen und wässern	26,00 DM	27,00 DM
Gehölze, ohne Ballen (1 Stück/m²), liefern einpflanzen, wässern, Pflanzschnitt	12,00 DM	13,00 DM
Düngung (30g Hornspäne/m²) auswerfen	0,50 DM	0,50 DM
Mulchdecke (5cm dick, z. B. Holzhäcksel) aufbringen	6,00 DM	6,00 DM

beispielsweise der Bodenbeschaffenheit, der Erreichbarkeit der Baustelle, den ortsüblichen Preisen und Vielem mehr. Sie können aber auf jeden Fall ein erster Hinweis für Sie sein, welche Arbeiten Sie selbst ausführen möchten und welche aus Kostengründen besser hintenan gestellt werden.

▶ *Pflegearbeiten einkalkulieren*

Einen Garten anzulegen oder umzugestalten bereitet viel Freude. Zur Planung gehört allerdings auch, sich über nachfolgende Pflegearbeiten bewusst zu werden, um sich eventuell schon im Vorfeld einige Erleichterungen zu schaffen.

Es ist sinnvoll, bereits bei der Planung die anstehenden Pflegearbeiten zu bedenken. So kann man beispielsweise eine elektrische Leitung zum geplanten Kinderhaus legen und hat damit einen Stromanschluss, der manche Arbeiten erleichtert. Auch ein Wasseranschluss ist sinnvoll, er muss allerdings für den Winter leer laufen können, damit die Leitungen nicht einfrieren und platzen können. Bedenken Sie auch hier immer die Umwandlung des Kinderbereiches zu einem Platz für Jugendliche und Erwachsene, die dort vielleicht grillen, Musik hören oder eine stimmungsvolle Beleuchtung haben möchten.

Auch bei der Anlage von Wegen und Plätzen sollten Sie den Pflegeaufwand berücksichtigen. In der nebenstehenden Grafik „Pflegearbeiten – im Voraus bedacht" wird deutlich, dass höhere Übergänge zwischen Pflaster und Rasen oder Rasen und Beeten, einen erheblichen Mehraufwand an Pflege und die Anschaffung spezieller Geräte bedeuten.

Für Arbeitsbereiche im Haus gibt es Richtmaße, die die Ergonomie beim Arbeiten berücksichtigen. Beim Entwerfen von Gartenbereichen sollten Sie ähnlich vorgehen und gleich die bequeme Ausführung notwendiger Pflegearbeiten bedenken. Außerdem ließen sich viele anstrengende Pflegearbeiten vermeiden, wenn man besser geplant hätte. Manchmal heißt es aber auch nur, von alten Gewohnheiten, wie beispielsweise dem unnötigen herbstlichen Umgraben, Abschied zu nehmen.

Auch Kindern macht Gartenarbeit Spaß. Wird sie noch mit einem interessanten Spiel oder einer kreativen Arbeit, wie dem Bau eines Igelquartiers verknüpft, wird die Pflege nicht als Pflicht, sondern spannende Aktion begeistert begrüßt.

Naturnah und kindgerecht gestaltete Gärten sollen pflegeleicht sein und bieten eine Menge an Entdeckungsmöglichkeiten – auch bei der Gartenarbeit.

Pflegearbeiten im Jahresverlauf

Jahreszeit	Was muss getan werden?
Frühling	■ Holzterrasse, Baumhaus: Algenbeläge vom Winter entfernen ■ Kinderspielgeräte: Standsicherheit, Reißfestigkeit, Rissbildung und Verschraubungen überprüfen, Nägelköpfe mit Versenker zurückschlagen ■ Steinbauwerke, Pflasterflächen: Frostschäden beseitigen, gehobene Steine neu einfügen und evt. Schadensursache beseitigen ■ Gehölze: Ein Schnitt regt zur Bildung neuer Triebe an (im Frühjahr nicht geschnitten werden dürfen: Birke, Ahorn, Kirsche, Walnuss) ■ Kinderbaustelle, Sandkasten: Sand evt. austauschen oder neuen Sand hinzufügen, stehendes Wasser in Matschgruben entfernen, indem man mit einer Eisenstange tiefe Löcher bohrt, Kinder können ihre Spielmaterial selbst säubern und ordnen ■ Kinderhaus, Gerätehaus: Wenn es warm wird alle Türen und Fenster öffnen, damit Tiere, die überwintert haben, ins Freie können und die Feuchtigkeit aus dem Häuschen entweicht
Sommer	■ Rasen,Wiese: Intensiv genutzte Rasenflächen auf 5 cm Höhe mähen, Blumenrasen 3- bis 5-mal im Jahr auf 10 cm mähen, Blumenwiese 1- bis 2-mal im Jahr mit der Sense mähen ■ Sandspielanlagen: UV-Strahlung tötet Keime im Sand ab, aber nur in der obersten Schicht, deshalb ab und zu den Sand durch Umgraben durchmischen ■ Kleine Gartenteiche: Fadenalgen an einem langen Stil aufwickeln und abschöpfen, wenn der Wasserstand stark absinkt mit Regenwasser auffüllen ■ Holzterrassen, -wege, -treppen: Bei Trockenheit können Holzbalken schrumpfen, so dass Schrauben nachgedreht und Nägel versenkt werden müssen, vergrauende Bauteile evt. lasieren, vorher Algen und Moose durch Abbürsten mit Wasser und Schmierseife beseitigen
Herbst	■ Wege und Plätze: Vom Laub befreien und auf Begehbarkeit bei nassem Wetter überprüfen ■ Holzbauten: Nicht mit Folie abdecken, damit das Holz immer wieder abtrocknen kann, Sonnensegel, -schirme und Gartenmöbel unterstellen ■ Sandplatz: Regelmäßig Laub entfernen, evt. eine Plane schräg darüber spannen, damit das Regenwasser abfließen kann ■ Rasen, Wiese: Noch vor dem Laubfall ein letztes Mal mähen, Blumenwiesen spätestens im Oktober mit der Sense schneiden, später das Laub entfernen
Winter	■ Gehölze: Äste ab und zu von Schneelast befreien, damit sie nicht abbrechen ■ Gartenteiche: Mittels Eisfreihalter oder einem aufrecht zu zwei Dritteln ins Wasser gestellten Bündel Stroh muss dafür gesorgt werden, dass Luft an das Wasser kommt damit überwinternde Tiere nicht ersticken. Nachträgliches Aufhacken einer Eisdeche ist riskant, weil die Folie zerstört werden kann. ■ Wege und Plätze: Regelmäßiges Abschieben und –kehren des Schnees verhindert ein Vereisen der Oberfläche. Evt. Sand oder Granulat streuen.

▶ Spiel- und Aktionstipps

Neben den vielen Möglichkeiten, die Spielgeräte, Baumhäuser oder Heckenverstecke bieten, gibt es auch eine ganze Reihe von Aktionen, die man gemeinsam mit den Kindern in der Natur durchführen kann und erleben kann.

▲ **Ein selbst gebauter Oster-Tipi.**

▲ **Dachbegrünung: Der Nistkasten wird mit Dachpappe oder Teichfolie belegt.**

Frühling: Schon ganz kleine Kinder können Tontöpfe mit Holzwolle füllen und ein Zwiebelnetz darüber ziehen. Diese Töpfe werden dann kopfüber an einem Baum aufgehängt, wo sie als Quartier für die blattlausfressenden Ohrwürmer dienen. Der Topf muss allerdings Kontakt zu einem Ast haben, damit die nützlichen Tierchen hineingelangen können.

Größere Kinder sind sicher sehr stolz, wenn sie in einen Hartholzblock verschieden große Löcher bohren dürfen. Dort können sich harmlose nützliche Wildbienenarten ansiedeln. Mit einem Bohrständer kostet die Arbeit nicht all zuviel Kraft und gelingt auch weniger geübten Handwerkern.

Etwa zwei bis drei Wochen vor Ostern können die Kinder aus abgeschnittenen Weidentrieben vom Weidentipi, der Weidenhecke oder dem Weidentunnel, Mini-Ostertipis in großen Blumentöpfen selbst

herstellen. Im Gegensatz zu anderen Blumentöpfen muss dieser die nächsten Wochen mit dem Fuß in Wasser stehen, damit die Stecklinge Wurzeln bilden. Je nach Temperatur entsteht so bis Ostern ein grünes Tipi, in das man Ostereier oder einen Osterhasen legen kann.

Man kann mit größeren Kindern die Technik der Dachbegrünung an Nistkästen demonstrieren. Dazu wird das Dach mit einem Stück Dachpappe oder Teichfolie belegt. Eine Aufkantung aus Holzleisten von ca. 3 cm Höhe verhindert, dass das Dachsubstrat herunter rutscht. Die vordere Leiste benötigt Aussparungen, damit das Regenwasser ablaufen kann. Ein auf die Folie gelegtes Stück Dränagevlies, Sackleinen oder grober Stoff hilft den Pflanzen beim Einwurzeln. Man schlägt es vor der Traufleiste hoch, damit durch die Aussparungen keine Substratteilchen fortgeschwemmt werden. Als Substrat eignen sich Tonkügelchen. Für die Pflanzung auf diese dünne Auflage kommen nur *Sedum*- und *Sempervivum*-Arten, die man als Tochterrosetten oder Sprossabschnitte pflanzt, in Frage. Die ersten Wochen sollte man den Nistkasten durch ein untergelegtes Holz annähernd waagerecht aufstellen und die Dachbegrünung regelmäßig feucht halten. Sind die Pflänzchen fest eingewurzelt, kann man den Nistkasten an einer sonnigen Stelle aufhängen und das Gießen einstellen.

Sommer: Vielleicht überlegen Sie sich mal einen etwas anderen Kindergeburtstag oder ein Kinderfest unter dem Motto „Vögel", mit Vogelbeobachtung und Quiz, Vogelstimmenraten, Federn suchen, Papierflieger basteln und als Höhepunkt zum Mitnehmen den selbstgebauten Nistkasten.

Oder Sie denken sich eine Garten-Erkundungsrallye aus, bei der es darum geht, bestimmte Pflanzen an Hand von Pflanzenteilen wiederzufinden, Gerüche aufzuspüren, Geräusche zu orten, Rinden zu ertasten.

Im Sommer können die Kinder auch ein eigenes kleines Beet pflegen und so eine Menge über Pflanzen und deren Bedürfnisse erfahren.

Herbst: Der Bau eines Überwinterungsquartiers für Igel ist

▲ Als Pflanzsubstrat eignen sich am besten Tonkügelchen

▲ Sedum- und Sempervivumarten können gepflanzt werden.

▲ Zunächst muss der Kasten waagerecht aufgestellt und die Pflanzen regelmäßig gegossen werden.

eine Aktion für den Herbst. Allerdings sollte man dazu eine etwas abgelegenere ruhige Ecke unter einer Hecke wählen, denn die Tiere dürfen während des Winterschlafs nicht gestört werden. Ein Holzkasten mit einer Grundfläche von 30 x 40 cm und einer Höhe von etwa 30 cm, mit einem bodennahen Eingang von etwa 15 cm Durchmesser wird mit einer dicken Laub- oder Strohschicht ummantelt. Um ihn herum und darüber werden nun viele Zweige und Laub aufgeschichtet, wobei der Eingangsbereich einen kleinen Tunnel erhält. Mit einer Spur aus Obststückchen (Äpfel, Bananen) kann man nun versuchen, einen Igel im Herbst hineinzulocken. Falls Sie einen Igel im Garten vermissen, sollten Sie überprüfen, ob es im Zaun genügend große Durchschlupfmöglichkeiten für diese netten Mitbewohner gibt.

Winter: Der Bau eines Nistkastens für Meisen und andere Höhlenbrüter ist eine Aufgabe für große Kinder und Jugendliche, wenn man auf einen Bausatz (ca. 15 bis 20 DM) zurückgreift, den man bei jedem Naturschutzverein bestellen kann. Es gibt aber auch Anleitungen zum Eigenbau.

▶ *Zum Weiterlesen*

■ Blessing, K., Kindergärten ökologisch bauen und bestalten,
Verlag Eugen Ulmer, 2001

■ Briemle, H., Gärten für die ganze
Familie, Verlag Eugen Ulmer,
2000

■ Kleeberg, J., Spielräume für Kinder, Verlag Eugen Ulmer, 1999

■ Lange, Udo und Thomas Stadel-
mann, Spiel- Platz ist überall.
Lebendige Erfahrungswelten mit
Kindern planen und gestalten,
Luchterhand, 2001

■ Messineo-Gleich, Christine, Gärten, die auch Kindern Spaß machen, Naturbuch Verlag, 1997

■ Oberholzer, A., Gärten für Kinder, Verlag Eugen Ulmer, 1995

■ Opp, Günther und E. Reinhardt,
Ein Spielplatz für alle. Zur Gestaltung barrierefreier Spielbereiche, 1992

■ Pappler, Manfred und Reinhard
Witt, NaturErlebnisRäume. Neue
Wege für Schulhöfe, Kindergärten und Spielplätze. Kallmeyer-
sche, 2001

■ Seeger, Christina und Roland
Seeger, Naturnahe Spiel- und
Bewegungsräume planen und
gestalten, Ökotopia Verlag,
Münster

▶ *Sachverzeichnis*

Spielräume im Freien.

Hier handelt es sich um ein Planungsbuch, das zum Nachdenken über die Spielsituationen der Kinder anregt. Deren Bedürfnisse stellt das Buch konsequent in den Mittelpunkt der Spielraumplanung. Es beschreibt die Hintergründe und Grundlagen, analysiert die verschiedenen Spielimpulse und Spielräume im Freien und führt zur konkreten Planung. Anhand von Fallbeispielen werden Themen wie ökologische Planungsansätze, Bürgerbeteiligung, Unterhalt, Sanierung und Sicherheit erläutert.
Spielräume für Kinder planen und realisieren. Jürgen Kleeberg. 1999. 288 Seiten, 114 Farbfotos, 28 sw-Fotos, 98 Pläne und Zeichnungen. ISBN 3-8001-6624-0.

Die Autoren geben ihre Erfahrungen in handfesten Anleitungen zur Planung, Anlage und Pflege von Kindergärten, Schulanlagen und Privatgärten wieder.
Gärten für Kinder. A. Oberholzer, L. Lässer. 3. Aufl. 1995. 168 S., 57 Farbf. ISBN 3-8001-6595-3.

Einen beträchtlichen Teil ihres jungen Lebens verbringen unsere Kinder im Kindergarten. Deshalb ist es wichtig, Kindergärten so zu bauen und innen und außen so zu gestalten, dass sich die Kinder wohlfühlen und ihrer Kreativität freien Lauf lassen können. Dieses Buch zeigt auf, wie und mit welchen Materialien ein ökologisches Bauen bei Kindergärten und Kindertagesstätten möglich ist. Neben der Innenraumgestaltung wird auch die Anlage des Außengeländes angesprochen.
Kindergärten ökologisch bauen und gestalten. K. Blessing, I. Lehmann. 127 Seiten, 57 Farbfotos, 10 Zeichnungen. ISBN 3-8001-3177-3.

In diesem Buch werden 11 Naturräume, vom Gemüsegarten bis zu Wegen und Zäunen, vom Wald bis zum Weiher, vorgestellt, in denen Kinder Natur erleben, wahrnehmen und „be-greifen" können.
Natur erlernen mit Kindern. K. Blessing (Hrsg.) u.a. 2. Auflage 2000. 192 Seiten, 86 Farbfotos, 31 Zeichnungen. ISBN 3-8001-3119-6.

Wenn Sie mehr wissen wollen.

Hier finden sich viele Anregungen, wie man einen Garten für Familien – von den Großeltern bis zu den Enkeln – vielfältig, erlebnisreich und naturnah gestalten kann. Berücksichtigt werden die Bedürfnisse von den Kindern nach Entfaltung, Bewegung, Spiel und Kreativität, aber genauso die der Älteren nach einem ruhigen Sitzplatz. Farbige Gartenpläne und Detailskizzen geben dazu konkrete Beispiele und die Pflanzenauswahl berücksichtigt vor allem die einheimischen Bäume und Sträucher. Womit Kinder im Garten spielen und was sie dort bauen und basteln können, davon erzählt dieses Buch. Es spricht aber auch die Gefahren an, und wie man damit umgeht. Weitere Themen sind die Haustiere, der Anbau von Beerenobst und Gemüse sowie die Kultur von Sommerblumen.

Gärten für die ganze Familie. Spielen, Gärtnern, Entspannen, Natur erleben. Helga Briemle. 2000. 199 Seiten, 110 Farbfotos, 25 Farbzeichnungen. ISBN 3-8001-6683-6.

Dieses umfassende Gartenbuch beantwortet alle Fragen: Wie plane ich meinen Garten richtig? Wie wird der Boden vorbereitet? Wie funktioniert das mit dem Düngen, dem Mulchen, dem Kompost? Wie wird gepflanzt, gepflegt, geschnitten? Wie schütze ich Pflanzen vor Krankheiten? Wie lege ich einen Rasen an, eine Blumenwiese, ein Blumenbeet? Kübelpflanzen für meine Terrasse? Wie lassen sich Pflanzen überwintern? ... und 1000 Antworten mehr. Diese und viele andere Themen werden leicht verständlich erklärt. Zahlreiche Farbzeichnungen und Fotos erleichtern das Verständnis und erklären Arbeitsabläufe Schritt für Schritt. Feature-Seiten stellen besondere Themen und Methoden im Überblick vor. Ein unverzichtbares Standardwerk für jeden, der mit Freude und mit viel Erfolg in seinem Garten arbeiten möchte!

Das Ulmer Gartenbuch. Wolfgang Kawollek. 2001. 720 Seiten, über 1.000 Farbabbildungen. ISBN 3-8001-6684-4.